運用★ちゃんと学ぶ システム運用の基本

沢渡あまね 著
湊川あい 著

C&R研究所

私、海野 遥子（うんのようこ）
製造業の
情報システム子会社に勤める
2年目エンジニア
入社以来
認証基盤システムの
運用を担当しています
キャハハハ
キャキャ
この前の
取引先がー
えー
ウソー
チラ

それは社会人2年目になった
今も変わらない…

外はあんなに明るいのに
ここの雰囲気はいつも薄暗い
窓ないしね…
データセンター仕様だから
そして…
寒いっ!!
人よりも機器優先だからね
ピッ
さてと
今日の作業はなんだったっけ？
うん
とりあえずプロセスにもサービスにも異常なし
サーバもネットワークも正常

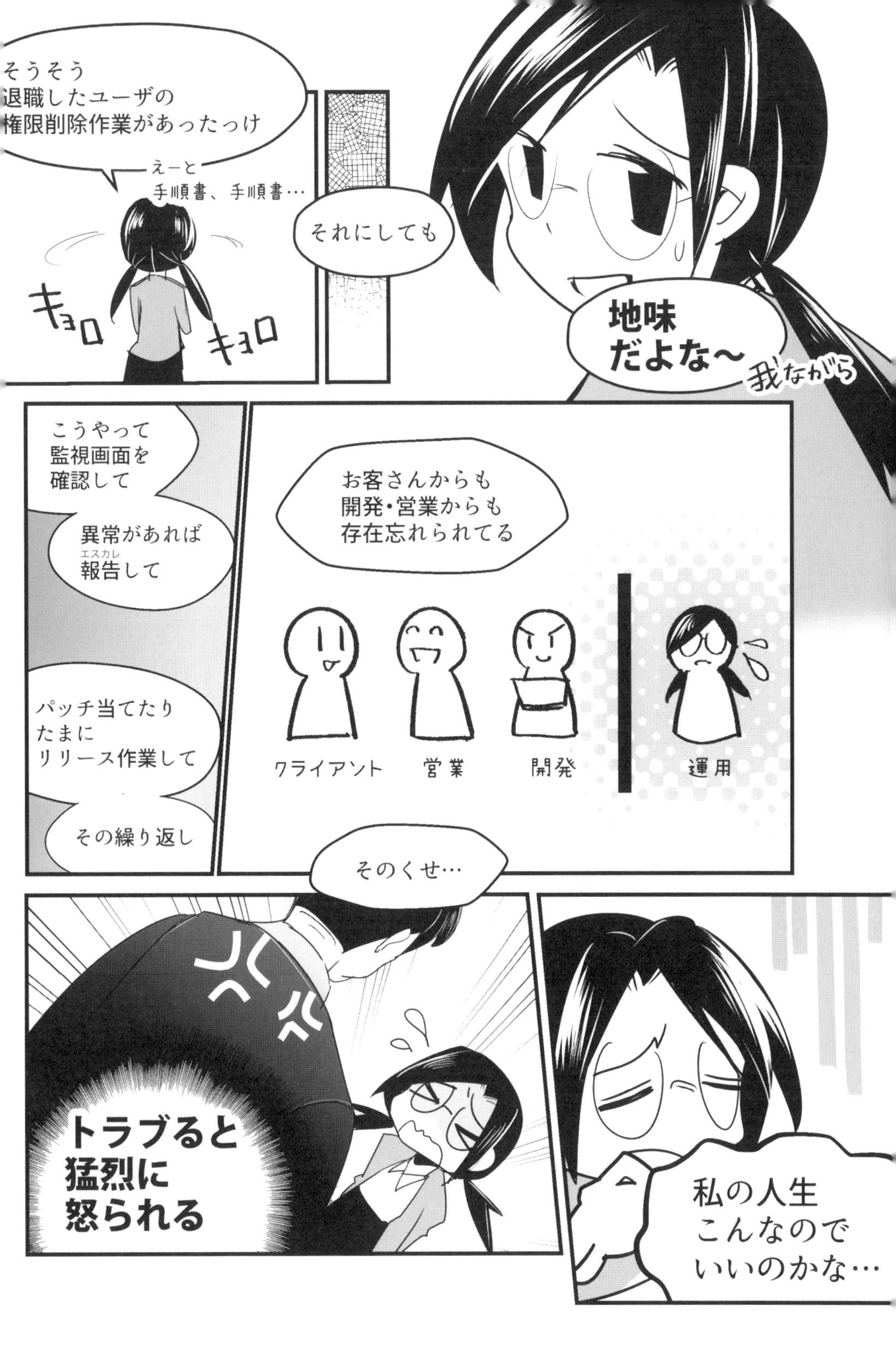
そうそう
退職したユーザの
権限削除作業があったっけ
えーと
手順書、手順書…
キョロ
キョロ
それにしても
地味
だよな〜
我ながら
こうやって
監視画面を
確認して
異常があれば
報告(エスカレ)して
パッチ当てたり
たまに
リリース作業して
その繰り返し
お客さんからも
開発・営業からも
存在忘れられてる
クライアント
営業
開発
運用
そのくせ…
トラブると
猛烈に
怒られる
私の人生
こんなので
いいのかな…

ひぃっ
だ
だれ!?
まったく
そんなこと
言ってるから
ダメなのよ
えっ
あなた
あたしのことが
見えるの？
うん…
っていうかあなた
どこからここに
入ってきたの！？
IDカードは？
認証は！？
カッ
カッ
カッ
ヤバイ
誰か来る!!
隠れて!!

ガチャ
遥子(ようこ)、そこで何やってんだ？
ひとりでブツブツと…
お前、最近疲れてんじゃねーの？
えぇっ!?
開発PLにはこの子が見えないの!?
帰れるうちにはやく帰って休んどけよ
来月はリリース祭りできっとまた徹夜(デスマ)だし
は、はい…ありがとうございます
バタン
ふぅ～～～
なんとかごまかせたみたい
でも、なんでPLにはあなたが見えないの？

でも、あなたには
あたしが見えた
そう…
あたしいつも誰にも
気づいてもらえないのよねぇ
やんなっちゃう
私は海野遥子
認証基盤の
システム運用担当者で…
気が合いそうね
お名前、なんて言うの？
遥子ね
ぴんぐっ
ひょい
はぁ
!?!?
あたしは
運用☆ちゃん
妖精よ

妖精!?
運用★ちゃん!?
今回は特別に
遠くの星からはるばる
遠征してきたの
システム運用業務の
認知と
価値向上のためにね
イミわかんない!!
これインシデント起票
しなくていいのかしら!?
まぁ細かいことは
どうでもいいわ
まずは遥子に
質問
運用業務
って何?

え!?
「運用業務って何」
って聞かれても…
毎日こうして
監視画面眺めて
インシデント切って
バッチ流したり
パッチ当てたり…
あ゛ぁ〜〜〜もぅ
全然ダメ!!
そんなことだから
いつまでたっても
運用がナメられるのよ
いい？
運用のおシゴト
ってのはね…

運用☆ちゃん

妖精。ある日、遥子のもとにやってきた。システム運用業務の認知の低さ、運用者のモチベーションの低さを嘆き、空から舞い降りた。彼女の使命は、運用のプレゼンス向上、価値向上、そして運用者の誇りの醸成。好きな言葉は「ありがとう」。好物は、かき氷ブルーハワイ（嫌なことがあるとやけ食いする）。
見た目も言動も幼い感じだが、実は65535歳らしい。

海野 遥子（23歳）

（うんの ようこ）

大手製造業・日景（ひかげ）エレクトロニクスの情報システム子会社に勤める2年目社員で、認証基盤システムの運用担当。クラスの端っこで目立たないような女子。今日もサーバルームで、システム監視したりパッチ当てたりと目立たぬ日々を送る。好物はいわた茶。

★はじめに

★ようこそシステム運用の世界へ!

「システム運用の仕事って、どんなことをしているの?」
「運用人材を育成をしたい。でもなにをしたらいいのかわからない!」
「お客さんに運用の価値を説明できるようになりたい!」
「運用エンジニアとして成長したい!」

そんなお悩みにお応えしたくて、この本を執筆しました。

私は、ITシステムの運用は素晴らしい仕事だと思っています。いまや世の中のあらゆる活動はITなしには成り立ちません。まるで蛇口をひねって水を利用するように、私たちはITサービスを当たり前のように利用して快適に生活をしています。日々の「当たり前」を支えるシステム運用。価値がないわけがありません。また、運用を支えるマネジメントフレームワーク(枠組み)や技術、そしてノウハウや観点はそれ自体、世の中の課題解決に応用できる価値があります。 私も、システム運用の経験者として運用の仕事に誇りを持っています。

しかし、悲しいかな。現状、残念ながら運用の価値が世の中に十分に理解され、評価されているとは言い難いです。それもそのはず。運用の仕事は見えにくく、説明しにくいからです。ともすれば「データセンターに籠っている、なにをやっているのかよくわからない人たち」程度にしか思われない。そして、開発優先、立ち上げ優先で悪気なく後回しにされたり、コスト扱いされてしまったり、ときに無理難題を押し付けられたり……その結果、残念なITサービスが生まれ放置されてしまう。これは誰も幸せにしません。

「運用の仕事を説明可能にしたい」

ひとえに運用といってもその業務内容は多岐にわたります。また、システム運用の仕事の明確な定義はありません。業界によって組織によって、守備範囲も役割分担もさまざま。また小規模の組織では、開発も運用も1人で回さなければならない、いわゆる「1人情シス」状態の人もいることでしょう。

日々の「当たり前を」守るための雑多な仕事に追われる中、自分たちの仕事を説明することなど考えたこともないかもしれません。しかし、説明できない仕事は自ら価値を減じてしまいます。そろそろ、運用の仕事を説明できるようにする「なにか」があってもいいのではないか?　そんな思いで筆を執りました。

今回、「わかばちゃんシリーズ」が大好評の漫画家かつWebデザイナー／エンジニアの湊川あいさんとのタッグで「楽しさ」を注入。運用のいろはを楽しく学習いただけます(「楽しいは正義!」「エンターテインメントはソリューション!」)。

自分たちの仕事を説明できるようになると、いつもの景色が明るく変わり出します。

<仕事を説明できるようになると…>

- 存在や価値が正しく認知されるようになります
- 後任を育成できるようになります
- 組織や個人に「なにが足りていて」「なにが足りていないか」現状把握できます
- 組織や個人の成長目標を立てられるようになります
- 周囲の協力を得られるようになります
- リスペクトされるようになります

本書の使い方を説明します。

◆初心者の皆さんへ

「運用とはいったいどんな仕事なのか?」「なにを勉強したらいいのか?」「どんな観点で日々の仕事に向き合ったらよいのか?」など、理解し考えてみてください。

◆現役運用エンジニア／マネージャの皆さんへ

後任の育成にご活用ください。本書を広げながら、皆さんの運用ノウハウや体験談もアドオンして楽しく勉強できたら最高ですね。また、運用の仕事と価値を、部門長、開発、営業、顧客など運用のことをよく知らない人たちに説明するツールとして使ってください。もちろん、ご自身の経験、技術やノウハウの体系化にも役立てていただけたら。

◆ステップアップを目指す皆さんへ

「運用人材としてさらに輝くためには?」「運用職種の価値を上げるためにどうしたらいいのか?」など、考えてみてください。運用チーム内、プロジェクトチーム内、部署や会社内、あるいは会社を超えたコミュニティの仲間とわいわいがやがや議論してみるとさらに幅が広がるでしょう。

◆開発、営業、顧客など運用以外の職種の皆さんへ

運用の業務内容や価値はもちろん、運用と「ワンチーム」でより心地よく仕事するための観点やポイントを知ってください。IT人材として視座を高める/視野を広げるためにも間違いなく役立つことでしょう。

◆部門長の皆さんへ

運用組織の価値向上、および社内外に運用の価値を正しく説明するために活用してください。

良いITサービスを作り、守り、そしてより良く使い続ける。立場は違えどゴールは同じ。お互いがリスペクトし合い、より良い仕事をするためにもシステム運用のお仕事、あなたの言葉で説明できるようにしましょう。1人ひとりが運用の仕事と価値を言葉にできるようになれば間違いなくシステム運用の、いいえ、ITのお仕事の価値そのものが上がります。

楽しいシステム運用の旅、はじまりはじまり!

2019年3月

沢渡あまね

CONTENTS

CHAPTER 4
運用業務の広がり

CHAPTER 5
日々の成長～ITサービスマネジメント

CHAPTER 6
運用の醍醐味

CHAPTER 1
運用のお仕事とは?

「システム運用」って、どんなお仕事なの？

これが
システム運用業務の全体像よ！

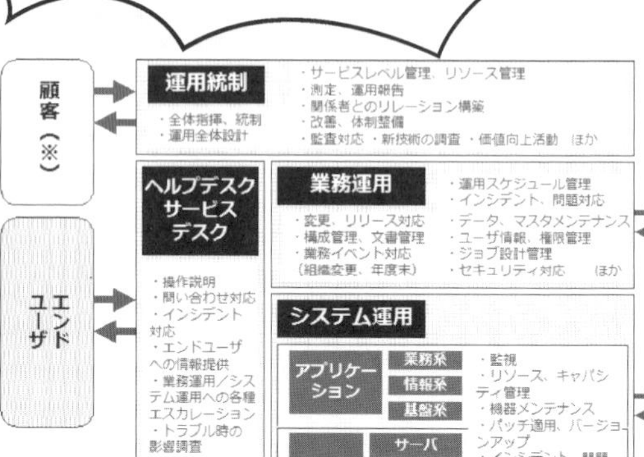

※経営、情報システム部門、利用部門のシステム担当部署など

おおっ！

運用業務は4つの箱で成り立っている

運用業務は、大きく4つの箱で成り立っているわ。

- 業務運用
- システム運用
- ヘルプデスク/サービスデスク
- 運用統制

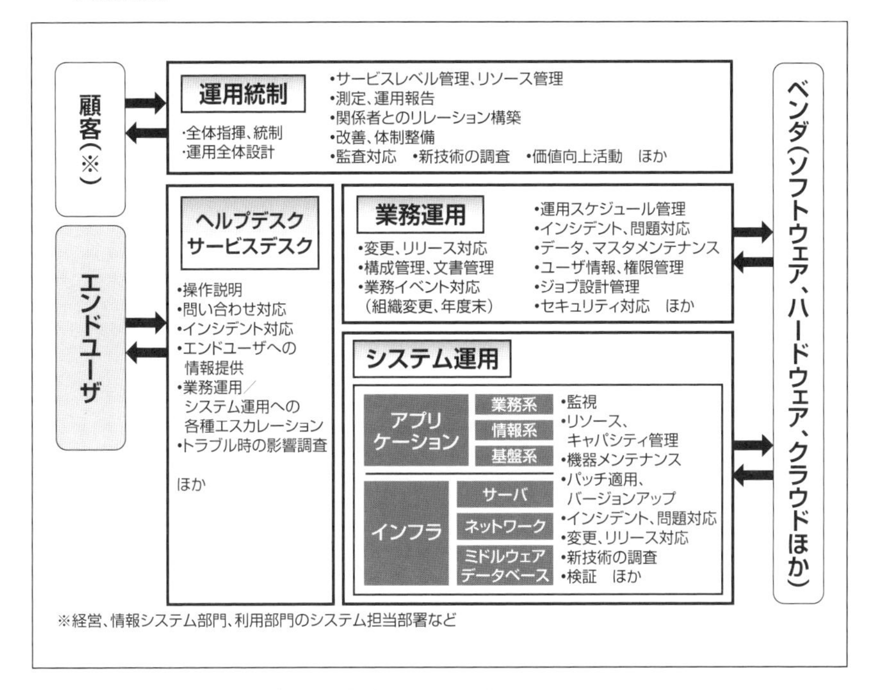

ふむふむ……。
(メモメモ)

「運用」って、いったいどんなことをしているの？

「業務運用」「システム運用」「ヘルプデスク／サービスデスク」「運用統制」のそれぞれについて説明するわね。

◆業務運用

まずは、業務運用から説明するわね。システムを使う、業務サイドに近い人たちね。業務運用の主な仕事は次の通りよ。

- 運用項目と実施スケジュール（年間／月間／週単位／日単位）を作って管理する
- 組織変更や年度末対応のような、業務イベントの対応を計画したり変更やリリースに対応したりする
- システムテスト、運用テストを実施する
- データやマスタのメンテナンスやバックアップを行う
- ソフトウェアライセンスを管理する
- 日々、発生するトラブルや障害の切り分けや一時対応を行う（インシデント対応）
- インシデントを再発させないための防止策／予防策を検討する（問題対応）
- ユーザの情報を管理する（登録／権限付与削除／棚卸しなど）
- 手順書やマニュアル、ユーザへの周知文書などを作成する
- ジョブ（オンライン／バッチ）を設計して管理する
- セキュリティ対策を行う

◆システム運用

そして、システム運用！　「システム運用」とひとくちに言っても、その内容は大きく2つに分けられるわ。

- アプリケーション（業務系、情報系、基盤系）
- インフラ（サーバ、ネットワーク、ミドルウェア、データベースなど）

なるほど。私の仕事は、「アプリケーション」の「基盤系」ね！

システム運用の主な仕事は次のようになるわ。

- 各種監視(死活監視、性能監視、セキュリティ監視など)をしたり、メモリやディスクなどのリソースやキャパシティを増強したりする
- 機器のメンテナンスや老朽化対応を行う
- パッチの適用やバージョンアップを行う
- システムに関わるインシデント対応、問題対応を行う
- 変更やリリースに対応する
- そのほか、新しい技術を調査・検証する

新しい技術の調査や検証も、システム運用のお仕事なの? 担当システムの枯れた技術とずっと向き合わされている人もいるみたいだけど……。

うわぁ〜、それはもったいないわね! 新しい技術に理解がないタイプの上司がいると、そんな状況になりがちよね。「今のままでも十分運用できているから必要ない」なんていわれて、新技術を導入したいのに許可が降りない……。そんなんじゃ、どれだけ優秀なエンジニアでもやる気をなくしちゃうわよ。ほんと、いやになっちゃう。

一方で、最新技術のキャッチアップに積極的な企業もあるわ。具体的には、社内で定期的にオープンな勉強会を開催したり、平日に開催される技術カンファレンスへの参加を推奨してくれたりね。

いいなぁ、そんな会社! そんな取り組みがあれば、インフラエンジニアのモチベーションもだだ上がりね。

でしょ! インフラエンジニアは、どんどん外に出て行って、新しい技術に触れ、試していくことで成長していくのよ。

◆ヘルプデスク／サービスデスク

お次は、ヘルプデスク／サービスデスク!

知ってる。エンドユーザの問い合わせ対応や、操作説明をしている人たちね。

一般的なヘルプデスクはそうね。最近ではサービスデスクといって、エンドユーザからの問い合わせを受け身で対応(※)するだけじゃなくて、積極的に情報発信してシステムの適切な利用を促したり、トラブルを未然に防いだり、進化しつつあるわ。

※ITサービスマネジメントでは、受け身の対応を「リアクティブ」、能動的な対応を「プロアクティブ」と呼んでいます。

◆運用統制

でもって、運用統制!　業務運用、システム運用、ヘルプデスク／サービスデスクを束ねるマエストロ。顧客のフロントに立ち、そして内部関係者(営業、開発、PMOなど)との調整役としても大事な役割なの。運用統制の主な仕事は次の通りね。

- 全体を指揮する
- 運用業務(サービス)のグランドデザインを行う
- 運用のサービスレベルを決め、維持向上するための活動を行う
- 運用サービスを提供するためのリソース(ヒト、モノ、カネ、システム)をやりくりする
- 顧客(経営、情報システム部門、利用部門のシステム担当部署など)や内部関係者に、運用状況の測定・報告・改善提案を行う
- 変更やリリースを計画する
- 各種監査対応を計画する
- 運用サービス価値向上のための活動や人材育成を行う

なんだか、結構、壮大な感じなのね!
(もっと、褒められてもいいと思う)

もちろん、どこまでやっているかはシステムの規模や企業の大きさによるわね。運用統制なんてない現場もあるし。1人のインフラエンジニアが、業務運用もシステム運用も、ヘルプデスクまで兼ねているケースもあるわ。

……だよねぇ。

でもね。だからって、運用の業務があやふやでイイってことはないの。顧客やフロントの担当者(※)に、運用の人たちの存在や業務内容を知っておいてもらうだけでも、無駄ないざこざやトラブルを防ぐことができる。

※フロントの担当者……営業、PM、開発担当者、Webデザイナー、Webエンジニアなど

いま説明してきた姿はあくまでAS-IS(現状)。本来、運用はITサービスマネジメントをできる組織に成長しなければならないんだけれど、それはおいおい説明するわ。

いざこざやトラブルに
耐えるのが
運用の宿命(さだめ)だと
思ってた…

運用の人たちの存在を
知ってもらう…ね
あ、でも…
?
私も、運用部隊に
どんな人がいるのか
よく知らないや
私、いつも
作業室に
こもりっきりだし
アパーッチ

EXPLANATION

運用業務を支える4つの役割

一言で(IT)運用業務といっても、その中身はシステムの規模や組織の規模によってさまざまです。小規模であれば、1～2名の担当者で問題なく対応できるかもしれません。開発と運用を兼務している人もいるでしょう。また、発生ベース、要求ベースの運用作業をこなすだけで精いっぱいかもしれません。

しかし、ある程度、大きな組織になると、それではうまく回りません。

システムを監視して維持する役割、ユーザサイドに立ち業務とシステムの橋渡しをする役割、ユーザのシステム利用をサポートする役割、そして運用全体を統括する役割など、業務内容をきちんと設計して体制を整える必要があります。

ここでは、運用業務の代表的な次の4つの役割を解説します。

- 業務運用
- システム運用
- ヘルプデスク／サービスデスク
- 運用統制

あなたがいま、どの役割を担っているのか？　あなたが属する運用組織において、足りない役割はないか？　現在位置を確認してみてください。

なお、ここでの役割の呼称および定義は統一的なものはなく、組織文化によってさまざまです。あくまで例としてとらえてください。

業務運用

ITサービスを利用する顧客またはユーザの業務に合わせた各種調整と作業を行う。業務イベント(組織変更、年度末、オフィスの引越しやビルの停電など)に対応したバッチ処理のスケジュール調整、軽微なシステムの仕様変更、業務で使用するマスタやデータのメンテナンス、ユーザへの各種周知や案内など。

システム運用

システム全体の、技術面での運用を担う。アプリケーション/サーバ/OS/ミドルウェア/ネットワーク機器/通信/データベース/ファイアウォールなど、ITサービスを構成するコンポーネントの監視、報告、復旧対応、改善、および各種アップデートやパッチ当て、バックアップなどITサービスの安定運用を支える作業を行う。

ヘルプデスク/サービスデスク

ユーザのフロントに立ち、問い合わせ対応やトラブルシューティング(の初期対応)を行う。自己解決できない未知の事象は、運用統制/業務運用/システム運用のいずれかにエスカレーションし、対応を依頼し解決に努める。ユーザがITサービスをスムーズに利用できるよう、能動的に各種案内を行うことも(プロアクティブな対応)。

運用統制

運用業務全体を統括する役割。顧客のフロントに立ち、業務運用/システム運用/ヘルプデスク/サービスデスクを束ねながら価値あるITサービスの提供を指揮する。予算管理、リソース計画、監査対応など顧客の要請に応じたビジネス面での対応も統括する。

各役割が担う主なタスク

各役割が担う主なタスクを紹介します。

- 業務運用
  - 運用スケジュール管理
  - インシデント、問題対応
  - 変更、リリース対応
  - データメンテナンス、マスタメンテナンス
  - 構成管理、文書管理
  - ユーザ情報、権限管理
  - 業務イベント(組織変更、年度末、引越しやフロア停電など)対応

- ジョブ設計管理
- セキュリティ対応　など

● システム運用
- 監視(ハードウェア監視／プロセス監視／リソース監視／ログ監視など)
- (システム面の)リソース管理、キャパシティ管理
- 機器メンテナンス
- パッチ適用、バージョンアップ
- インシデント、問題対応
- 変更、リリース対応
- 新技術の調査・検証　など

● ヘルプデスク／サービスデスク
- システム操作説明
- 問い合わせ対応
- インシデント対応
- エンドユーザへの情報提供
- 業務運用／システム運用／運用統制への各種エスカレーション
- トラブル時の影響調査
- FAQ(よくある問い合わせと対応集)の整備　など

● 運用統制
- 全体指揮、統制
- 顧客との調整
- 運用組織内部の調整
- 運用全体設計
- サービスレベル管理
- 予算管理、(広義の)リソース管理
- 測定、運用報告
- 関係者とのリレーション構築
- 改善、体制整備

- ◦監査対応
- ◦新技術の調査
- ◦価値向上活動　など

新しいITサービスの導入を検討するとき、意外と抜け漏れしやすいのが業務運用です。「運用=システムの監視とメンテナンス対応」の頭でいると、タスクの存在すら(開発者側にもお客さん側にも)意識されません。その結果、リリースしてからマスタメンテナンスなどの必要な作業が行われなかったり、「このコード、誰が決めるの?」「誰がどんな手順で作業するの?」など、揉めるケースも見受けられます。

リリース間際に慌てないためにも、運用のタスクに抜け漏れがないか上記の表をもとにチェックしてください。

システム運用10職種のお仕事

アプリケーションエンジニア

業務アプリ、基幹システム、金融機関ならATMシステム、あるいは遥子がお守りしているような認証基盤システム…などなど。アプリケーションの維持管理をする人たちね。

ピンとくるわ。

オンライン、バッチ処理含むアプリケーションのサービスを監視する。アラートが上がればインシデントを起票して分析して対応したり、関係者にエスカレーションしたり。

データパッチ当てたり、機能追加のときにテストしたり、リリース対応したり?

そうそう。あとは、OSやミドルウェアのバージョンアップの前の影響調査なんかも大事な仕事ね。

ふむふむ。

Webエンジニア

続いてWebエンジニア。Webアプリケーションのプログラミングやコーディング、そして運用保守を行う人たち。

わりと華やかなイメージで、運用の香りがしないんだけど、彼らも運用者なの?

そうよ。最近は業務アプリケーションもオープン化、Web化が進んできていてアプリケーションエンジニアとの垣根がなくなってきているわね。AWS(※)のような外部のWebサービスやSNSなんかと連携することも増えてきているから、APIの知識やマーケティングの知識もあったほうがいいわね。

※Amazon Web Servicesの略。Amazon.comが提供するクラウドサービス。

結構、奥深いのね。

Webアプリケーションはスピーディーに導入しやすい反面、規模やユーザ数が増えやすい特徴があるから、需要とキャパシティをどう管理するかも運用観点では大事なポイントね。

確かに。オンラインゲームとか、バズると一気にユーザが増えるもんね……。

インフラエンジニアと連携して、スケーリングをどうするか? Webエンジニアには欠かせない視点かも。

データベースエンジニア・ミドルウェアエンジニア

データベースやミドルウェアを守るのも運用の大事なお仕事!
データベースというと、Oracle、Microsoft SQL Server、PostgreSQLが有名ね。

データベースサーバ、ミドルウェアサーバを監視する。データが安全に守られるよう、ストレージの最適化を図る。不正アクセスされないよう、アクセス権の設定管理をする。データバックアップをする。OSのバージョンアップに合わせて、動的なコンテンツやアプリケーションが適切に挙動するように、ミドルウェアのバージョンアップをする。などなどね。

サーバエンジニア

そして、サーバエンジニア。Webサーバ、メールサーバ、アプリケーションサーバ、ファイルサーバ、などあらゆるサーバの専門家……監視対応、障害対応、スケーリングの計画と実施、などなど。

ビールサ……う、ううん。なんでもない!

(ピングっ??)

運用の面でいくと、システムの拡張計画やユーザ数の増加にあわせてどうスケーリング(拡張/縮小)していくかってかなり大事。予算があれば台数を増やせばいいのだけれど、そうもいかないよね。台数を増やせば、データセンターの床面積もそれなりに必要になるし。

(あっ、流してくれた…)

VMなどを使った、仮想化も最近では大切よね。あと、最近ではグリーンITっていって、地球への環境負荷をかけない運用が重視されていたりもする。その意味でも、サーバの設計と運用ってかなり大事。

まさに、インフラを守る正義の味方って感じがする! なんか、テンション上がってきた!

ネットワークエンジニア

そして登場、ネットワークエンジニア!

おおっ!

ルータ、ファイアウォール、DNS、MTA、スイッチなんでもござれ。あらゆるネットワーク機器に目を光らせて監視。障害が発生すれば素早く原因を特定して問題を切り分け、迅速に対応。オフィス移転などの業務イベント時にも大活躍。まさに、ネットワークという名の宇宙を守る正義の味方なのだ!

なんで、ここだけ妙にテンション高いのっ!?

セキュリティエンジニア

注目度が高まってきている職種。セキュリティエンジニア!

セスペ(セキュリティスペシャリスト)とか、セキュ女(セキュリティ女子)とか、最近よく聞く!

サイバー攻撃からシステムを守る。安定運用できるようにする。そのために、最新の脅威の情報収集と調査をしたり、システムやネットワークの脆弱性診断や対策をしたり、情報セキュリティ監査に対応したりと活躍の幅は広いわ。

地味な感じだけれど、大事よね。

(地味言うな!)
セキュアコーディングやセキュリティアーキテクチャなど、開発や設計段階でセキュリティの技術や考え方をもっと取り入れていかないといけないんだけれどね。日本でも徐々に浸透しつつある。運用面での守りも頑張らないと!

ファシリティエンジニア

おっと、忘れちゃいけないこの人たち。ファシリティエンジニア!

ファ、ファ、ファくしょん!!

……って、クシャミかい! はい、ティッシュ。

ごめん、ごめん。だってここ、サーバルームだから寒いし。で、ファシリティってなに?

データセンターやITオペレーションセンターなどの設備のことよ。ファシリティエンジニアは、そういったファシリティを設計管理するプロ集団。電気設備や空調設備の保守調整、通信などの設備の設計や管理。UPSなど予備電源の確保。電力量の需要管理や調整、などなど。

ほかのエンジニアとちょっとタイプが違うわね、すごくソリッドな感じ!

そうね。建築士や設計士がなるケースもあるみたい。あ、ファシリティ管理者と仲良くなっておくと、入管手続きがスムーズにいったり、サーバやラック増設するときに配線図をすぐ出してもらえたりと、なにかといいわよ。

今度、あめちゃん持ってデータセンターに挨拶に行こうかな♪

ITサービスマネージャ/運用管理者

エンジニアだけじゃない! マネジメントサイドもお忘れなく。ITサービスマネージャ/運用管理者。

なんか、大規模システムだと雲の上の存在って感じがする……。

ITサービスの安定運用と価値向上に責任を持つ人たち。エンジニアを束ねて、なおかつお客さんとのフロントの役割を果たす責任重大なお仕事ね!

旅館の番頭さんみたいな役割ね。

そうかもしれない。システムは作って1年、守って10年って言われるわ。ただ単に作りっぱなしのシステムを守っているだけではダメ。業務スケジュール、利用の傾向、バッチ処理時間の変化、インシデントの傾向、環境変化、テクノロジーの変化などを測定～把握して、システムの使い方の改善提案をしたり、機能追加の際の要件に運用で得たノウハウを盛り込んだりと、ITサービスの価値向上になくてはならない人たちよ。

ただ、言われたことをこなしているだけではダメなのね。

ヘルプデスク／サービスデスク

最後にフロントで頑張るこの人たち。ヘルプデスク／サービスデスク!

いつもお世話になっています!

エンドユーザのフロントにたって、問い合わせやクレームに対応する。最近ではサービスデスクっていって、ただ受け身に対応するだけではなく、前もって情報をユーザに発信して未然にインシデントを防ぐ取り組みをしている会社もあるわ。

素晴らしい!

ヘルプデスク／サービスデスクって、エンドユーザに直に接しているから、運用ノウハウの宝庫なのよね!

ほらご覧
運用という宇宙では
たくさんのエンジニアや管理者が
誇りを持って頑張っているの
おぉ〜っ
……
なんだれけど

運用って
コスト
だよね
コスト
だよね
購買担当者

運用を
コストだなんて
言うなっ！
こんふぃぐっ
運用者
なめんな!!

ああ、そんなに ガッついたら
おなか輻輳しちゃうよ！
大丈夫！
そしたら
縮退運転するから
ぴんぐっ

次回
これ言っちゃダメ！
運用者のモチベーションを下げる
悪魔のフレーズ
を、お話しするわ
ちょっとスッキリした！
お、お楽しみにね☆
ちょっと
怖いケド

EXPLANATION

システム運用10職種の概要とトレンド

一言でシステム運用といっても、領域も技術もさまざま。システム運用10の職種の概要、および持っておくと強い知識やスキルを紹介します。

アプリケーションエンジニア

アプリケーションエンジニアは、会計や生産管理などの基幹システム、および各種の業務アプリケーションを担当します。最近では、アプリケーションの全部または一部をクラウドサービスを利用するケースも増えてきたため、クラウドの知識やクラウドとデータを同期／連携させるための技術も求められてきています。

Webエンジニア

Webエンジニアは、Webを使ったアプリケーションやECサイトをはじめとするWebサイトの運用保守を行います。昨今では、AWS（Amazon Web Services）やMicrosoft Azure、GCP（Google Cloud Platform）といった、クラウドサービスを活用する機会が増えつつあります。これら外部サービスのデータやプログラムを呼び出して実行するための、API（Application Programming Interface）の知識や技術もますます求められるでしょう。

運用視点でいえば、「解析しやすい」「連携しやすい」「変更しやすい」「（メモリ、ネットワーク、ストレージなどに）過剰な負荷をかけない」など、運用のしやすさを考慮したコードを書けるエンジニアはより信頼されます。

データベースエンジニア

データベースエンジニアは、Oracle、Microsoft SQL Server、PostgreSQLなどのデータベースの運用保守を行います。前述の通り、最近ではクラウドなどの外部のデータベースと連携する機会が増えました。データベースの適切な設計や運用が、ITサービス全体のパフォーマンスを左右するといっても過言ではありません。それだけ、データベースに詳しい専門家が果たす役割は大きいです。キャリアアップを目指すのであれば、オラクル社のオラクルマスターなど、ベンダが提供する資格(いわゆるベンダ資格)を取得するのもよいでしょう。

ミドルウェアエンジニア

ミドルウェアとは、OSとアプリケーションの間に立って処理を行うソフトウェアのことをいいます。Web系であればApache、Tomcat、監視系であればJP1などが有名です。動的なコンテンツの増加によるミドルウェアの重要性も高まりつつあります。加えて、ミドルウェアの脆弱性に伴うセキュリティリスクも懸念されます。ミドルウェアに強い運用者の市場価値は高いといえるでしょう。

サーバエンジニア

サーバエンジニアは、Webサーバ、メールサーバ、アプリケーションサーバ、ファイルサーバなど、各種サーバの運用保守を行います。運用監視や障害対応はもちろん、ビジネスニーズの変化やユーザ増・トラフィック増に応じた、サーバの増強や拡張も行います。近年はサーバの仮想化も盛んです。VMwareなど仮想化技術や、Dockerによるコンテナ技術も身に付けておきたいところ。一方、物理サーバを触る経験もしておいたほうがよいでしょう。機会をとらえてデータセンターに足を運び、ラックマウントなどの作業を行ってみてください。

また、サーバ単独ではITサービスは価値を提供しません。OSやアプリケーション、ネットワーク、データベース、セキュリティなどあらゆる知識が求められます。

ネットワークエンジニア

ネットワークエンジニアは、ルータ、スイッチ、ハブ、ファイアウォールなどのネットワーク機器の監視や維持運用を行います。最近は、インターネットを介した外部からの攻撃も増加傾向にあります。よって、ネットワークのみならず、セキュリティの知識・技術も持っておきたいところです。

セキュリティエンジニア

セキュリティエンジニアは、その名の通り、セキュリティのスペシャリストです。主として、上記の各運用エンジニアをサポートする形で、セキュリティ対策やセキュリティインシデントの予防および被害拡大の支援を行います。そのほか、情報セキュリティ監査や、セキュリティリスクのアセスメント、CSIRT(Computer Security Incident Response Teamの略。セキュリティインシデントに対応する専門組織)の支援、セキュリティポリシーの策定やセキュリティ教育の実施など、マネジメントの支援を行う場面も。わかりにくいセキュリティをわかりやすく説明する、プレゼンテーション能力や表現能力があると強いです。活躍の場が広がりつつある、注目の職種です。

ファシリティエンジニア

ファシリティエンジニアは、サーバルームやデータセンター、オペレーションセンターなどの施設(ファシリティ)を管理する専門家です。建築、電気設備や空調設備、排水や排熱、配線や電力、気象や災害対応など、幅広な知識と技術が求められます。それだけに専門性が高く、ファシリティ専門の事業会社もあり、大手SIerでは専門のファシリティ事業部門を持っているところもあります。最近では、地球環境に配慮したグリーンデータセンターやエコロジーを売りにするデータセンターも。また、高いセキュリティの知識も求められます。エコロジーやセキュリティ関連の知識や技術を持っておくとよいでしょう。

ITサービスマネージャ/運用管理者

ITサービスマネージャ/運用管理者は、安定したITサービスの提供に責任を持つポジションです。各運用エンジニアおよびヘルプデスク/サービスデスクを束ねて運用全体を統括しつつ、顧客のフロントに立ってビジネス面での調整を行います。

ITサービスマネジメント(148ページおよび160ページ)の知識と経験、および技術の動向や知識、さらには多岐にわたる関係者を束ねるコミュニケーション能力や人間関係構築力が求められます。ITサービスマネージャを目指すには、ITILなどに関連する、ITサービスマネジメントの資格取得を目指すとよいでしょう。

ヘルプデスク／サービスデスク

ヘルプデスク／サービスデスクは、ITサービスを利用するエンドユーザのフロントで、操作説明、問い合わせ対応、クレーム対応などを行う専門職です。受け身の対応だけではなく、ITサービスに関する情報をプロアクティブ（積極的）にエンドユーザに提供する組織は価値が高いといえるでしょう。AIや機械学習を使った問い合わせ対応の自動化など、新しいテクノロジーを試すチャンスもたくさんあります。

ヘルプデスク／サービスデスクは、エンドユーザの動向やクレームなど、ITサービスを改善するためのノウハウの宝庫。ヘルプデスク／サービスデスクの経験と視点を生かして、ITサービスマネージャやエンジニアに転身した人を筆者は少なくとも10名は知っています。興味関心次第でエンジニアにもITサービスマネージャにもなり得る、知識と経験が得られる職種です。

CHAPTER 2

運用・運用者について知っておいてほしいこと

Incident 03

運用者のモチベーションを下げる悪魔のフレーズ

今回は、システム運用特集。
これ言っちゃダメ！
運用者のモチベーションを下げる
悪魔のフレーズ
ワースト10を
一挙に紹介！
…で、ではまず
10位から発表します
ドゥル ドゥル ドゥル ドゥル
第10位は
こちら！
ジャン!!
10 これ、片手間でやっておいて

第10位：「これ、片手間でやっておいて」

あ…あるね、これ……。営業に言われたり、お客さんから直接、言われたり。夜間作業のときとか、とくに。

まったく、運用をなんだと思ってるのかしら！　なにも知らないお客さんならともかく、同じ社内の営業に言われるとイラっとする。

夜、ヒマ……じゃないんですけどねぇ。

全然難しくない作業って、運用のことわかっていないあなたが決めることじゃないわよ！　しかも、お金出さないだなんて論外。

まぁまぁまぁ……じゃ、次いきましょう。

第9位：「なんでそんなに時間かかるの?」

悲しくなりますなぁ……。データの確認とか、環境差分のチェックとか、テストとか、なかなかお客さんや開発には認識してもらえないよね。

時間かかるものはかかるのよ！　そもそも、運用しやすいシステムを作ってくれれば、あたしたちだって時間をかけずに作業できるのよ。次っ！

第8位：「単純作業なのに、高くない?」

た、単純作業ですと!?　あたしたち運用者は、その作業に命かけてるの！　ミスしないよう入念に確認し、単純化するためにマニュアル作ったり、シェル作ったり地道な努力してるんだからっ！

確かに、一方的に高いとか言われると傷つくよね。

でも、その作業の必要性や金額の妥当性をきちんと説明してこなかった、あたしたち運用者にも責任はあるんだけれどね。新しい技術を取り入れて、自動化を進める努力なんかも必要だと思うし。

(おおっ!?　なんか、突然、オトナな態度……)

第7位：「開発のこと、わからないクセに」

運用のことを理解しようとしない、あんたたちに言われたくないわっ!!(ゴゴゴゴゴ)

ああっ、運用☆ちゃんがゴゴゴしてるっ!　クールダウンしよっ。空冷がいい!?　水冷がいい!?

第6位：「またエスカレーションかよ(勘弁してほしいな……)」

これ、普通に困るのよね……。システム監視のメッセージやアラート拾って、お客さんや開発チームにエスカレーションすると不機嫌な態度とられることある(朝イチとか夜間とか、特に)。

わかる。「そのジョブがコケたの、あなたたちが決めた仕様のせいじゃん!」って言いたくもなるわ。

監視設定やエスカレーションの基準をきちんと決めずに、なあなあで運用開始するとこうなる。

要件定義工程、開発工程、運用設計工程のしわ寄せが、すべて運用に来るのよね。

第5位：「壊れないシステムを作ってくれれば、運用なんていらないよね」

システム屋は魔法使いかっ!

(妖精に言われても、いまいち説得力が……)

（ピングっ??）

あ、なんでもない！　『お客様。システムにはですね、バージョンアップ、マスタメンテナンス、バックアップ、疎通確認、データガベージ、ログローテーション（※）など「生きるを守る」ための作業が必要なのでございます』

※システムが残す記録（ログ）が増えてメモリやデータベースの要領を逼迫させないよう、定期的に蓄積されたログを削除したり圧縮すること。

第4位：「品質下げていいから、人減らして」

品質下げていい、って簡単におっしゃいますけれどねぇ……。

私たち運用者は、誇りと責任を持って一生懸命システムを守っているんですけど……。

そうよね。プロのエンジニアとして、譲れないものがある。それに、品質下げたら下げたで絶対お客さん、文句言ってくるし。

気安く、人減らしてだなんて言わないでほしいですよねぇ。さあ、いよいよトップ3の発表です！（ワーストだけどね）

第3位：「下流」

下流呼ばわりすなっ！

私も「なんだかなぁ」って思ってた。

百歩譲って、上流じゃないのは認める。でも、あたしたち運用者が言うならまだしも、他人に下流って言われるとやっぱりモチベーションが下がるさ、人間だもの。

（あなたは、妖精だけれどね……）

第2位：「運用ってコストだよね」

運用業務をわかろうとしない／理解しようとしない人たちに、上から目線、本社目線でコストとか言われたくないっ！　あなたたちの存在こそコス……。

まぁまぁまぁ……。では、いよいよ第1位の発表です！　ジャジャン！

第1位：「運用でカバー」

出ました、運用者泣かせの定番の名台詞「運用でカバー」！

運用者が自発的に言うならまだ許せるんだけれど、お客や開発に言われるとイラっとするのよね。

これって、つまりは要件定義や開発段階での課題先送りってことよね？

その通り！　要件定義からあたしたち運用を巻き込んで相談してくれるならまだしも、リリース間際になって「運用で考えて」とか言われると丸投げされている感じがして悲しくなる。

中には「運用フェーズに入ってから一緒に考えましょう」って言ってくれるお客さんや開発プロマネもいるみたいだけれど……。

甘いわ、遥子！　その言葉に騙され、泣かされた運用管理者をあたしはどれだけ見てきたことか。「一緒に考えて」なんてくれやしない。そうして、運用者はどんどん守りのマインド、受け身のマインドになっていってしまう。

悲しすぎます……。

ぱのふぃおちゅーーん

こんなこと
言わせ続けてるから!!
運用のプレゼンスが
あがらないのよ!!!!!
またカキ氷
ヤケ食いですかっ!?

まぁまぁ、
お茶でも…
スス

いい加減、この状況…
ひねもす〜
ナントカしたい!

ふー…

いわた茶

というわけで、次回は
運用以外の人にも知っておいて欲しい
運用のあんなこと・こんなことを
お話しするよっ！

EXPLANATION

悪魔のフレーズを言われないようにするには?

誰もが気持ちよく仕事をしたいもの。ところが、悲しいかな、職種や立場が違う相手との間にはいつの間にか壁が作られる。ITの現場もしかり。お客さん、営業、開発、そして運用。それぞれの立場が、それぞれの正義に固執し、そして「悪気なく」すれ違ってしまいます。

そう「悪気なく」なのです。

こと運用部隊に関していえば、次の3つの「悪気なく」が、運用以外の人たちに悪魔のフレーズを言わせる土壌を作ってしまっています。

- 「悪気なく」運用の仕事が見えない
- 「悪気なく」開発の仕事が見えない
- 「悪気なく」運用の自己肯定感が低い

「悪気なく」運用の仕事が見えない

運用の人たちがなにをしているかわからない。それどころか、日ごろ、運用の人たちと接する機会がない。同じ事業所で働いているならさておき、会社が違えばなにをやっているか見えなくなって当然。

その状況で「運用に配慮してくれない」とただ嘆くのは、ちょっと無理があるかもしれません。

「悪気なく」開発の仕事が見えない

一方、私たち運用側にも反省点はあります。

私たちもまた、開発の仕事が見えていない。開発の視点、プロセス、苦労、悩み。自分たちを知ってもらうには、相手を知る努力や工夫も大事です。

「悪気なく」運用の自己肯定感が低い

上記の擦れ違いを繰り返しているとどうなるでしょうか?　私たち、運用者の自己肯定感がどんどん低くなります。

「どうせわかってもらえない」「ぞんざいに扱われる」。こうして、受け身になり、意見提案も発言もしなくなり、ますます運用のプレゼンスを低くします。

この悪循環、どこから断てばよいのでしょうか?

「経営のせいだ」
「お客さんが悪い」
「現場ではどうにもできない……」

その無力感、よくわかります!　経営やお客さんの意識が変わらなければ、組織文化は大きくは変わりにくい。しかし、現場の私たちのちょっとした工夫で変えられる景色も間違いなくあります。実践事例を紹介しましょう。

▶運用現場を見てもらう

仕事を理解してもらうには、現場を見てもらうのが一番。お客さんや営業担当者、あるいは開発メンバー、機会をとらえてデータセンターやオペレーションセンターを見学しに来てもらいましょう。

私たちにとっては当たり前の現場でも、相手にとっては新鮮な空間。遠方ならば良い気分転換になります。しかも業務扱いで出張できるので、大人の遠足気分で喜んで参加してくれることも(相手も人間ですから)。

そこでリアルに見聞きした作業工程や運用者の努力、そして運用メンバーたちの顔。間違いなく相手の印象に残り、今後運用の存在を思い出してもらいやすくなります(小学生のころに授業で行った、工場や浄水場などの社会科見学を思い出してみてください)。

私がITサービスマネージャを勤めていた、とある運用サービス。通常は、毎月お客さん先に運用報告に出向いていたのですが、年1回は必ず当社にお越しいただいていました。オペレーションの現場を見ていただき、運用メンバーと顔合わせし、現場の声を聞いていただく。運用メンバーのモチベーション向上にもつながりました。年にたった1度こうするだけで、お客さんと運用メンバーの距離が近くなり、お客さんも運用のことを考えてくださるように。お互い気持ちよく仕事ができるようになりました。

「よろしければ、私たちのデータセンターを見学なさいませんか?」

あなたもぜひ提案してみてください。

▶開発工程に参画する

要件定義、ソリューション選定、外部設計、内部設計……これら開発関連の工程に積極的に関わりましょう。理由はなんでも構いません。

「運用設計で慌てないようにするために、要件定義から関わっておきたい」
「オブザーバーでいいので、設計会議に入れてもらえませんか?」

心あるプロジェクトマネージャや開発責任者であれば、「ノー」とは言わないでしょう。開発の現場を見ることで、運用担当者としての視野も広がりますし、開発の立場を考えた発言ができるようになります。それが、開発メンバーとの心の距離を縮めます。人は、自分のことをわかってくれる人、わかろうとしてくれる人には心を開くもの。私たちも開発に寄り添いましょう。

▶社内勉強会で成果やノウハウを発表する

あなたの勤務先や常駐先で、勉強会や成果発表会が開催されているのであればチャンス。運用の取り組みやノウハウを率先して発表してください。

「へえ、運用ってこんなことしているんだ」
「なるほど、こういう仕様は悪気なく運用を苦しめるんだな」
「すごい。運用にこんなノウハウがあるんだ。積極的に頼ろう!」

こんな反応があればしめたもの。そこから運用以外の人たちと運用との距離がだんだんと近くなります。

この際、運用部隊が手を挙げて勉強会を企画してみるのもいいかもしれません。大げさな勉強会を開催するのが手間であれば、比較的手軽にできるLT大会や読書会もオススメです。

- LT大会(LT=Lightning Talksの略)
  ⇒5分程度のショートプレゼンテーションを複数人で行う。資料作成の負担がなく、ちょっとした気付きや学びを気軽に発信し合えるところが魅力です。

- 読書会

  ⇒あらかじめ課題図書やテーマ記事を決め、気付きや意見交換をする。運用がテーマの書籍／記事を選べば、それだけで運用を知ってもらえるきっかけ作りになります。

もしよろしければ、あなたがいま手にとっているこの本をテーマに、職場で読書会をしてみてはいかがでしょう?

▶社内報や部内報に率先して登場する

社内報や部内報も、運用の仕事を知ってもらうチャンスです。運用の取り組み、顔ぶれ、工夫、苦労、喜び、知っておいてほしいこと……社内メディアの力を借りて積極的に発信しましょう。

普段はなかなか表舞台に立たない運用業務。だからこそ、意志を持った情報発信が大事なのです!

▶開発やユーザが困っていたら率先して手助けする

ふと周りを見渡すと、情報システムに関わるさまざまなステークホルダー(関係者)が悩んでいます。

- 次期システム開発の要件検討で開発メンバーが困っている
- リリース品質が悪くて、営業担当者が頭を抱えている
- システムをうまく使えず、エンドユーザがため息をついている

ここはひとつ、運用者の知見やノウハウや技術を生かして、手助けしましょう。運用現場は、システム利用のアンチパターンと好事例の宝庫。生かさない手はありません!

「困っていたら、運用の人が助けてくれた…」

このユーザエクスペリエンスこそが、運用の認知向上とプレゼンス向上につながります。

運用以外の人も知っておいてほしい「運用観点」

開発エンジニアが
技術を駆使して
イケてるコンテンツを作った
ところが…

あっ
動的コンテンツは
NGっすよ！
共用Webサーバの
リソース食うんで
他のサービスから
怒られるんすよ
インフラエンジニア
まさかの
ダメ出し!!

「運用観点」がないと起きる悲劇アレコレ

あわわわわ……。確かに、これよく見かける!

でしょ! ちょこっと運用のことを気にして、作る前にインフラエンジニアに声かけておけばこんな悲劇は防げるのよ。

いきなりシミジミ来た……。
(そして、ちょっと鳥肌が立った)

ほかにも、こんなのもよくあるわね……。

◆機器類の裏がワンダーランド

突貫工事で立てたサーバやネットワーク機器。LANケーブルの配線がぐちゃぐちゃで、モダンアート状態!

あるわね～。入社したとき、先輩から「あのラックの背面だけは決して覗いてはいけない」って釘刺された一角があるわ。誰も怖くて触れないみたい……。

まるで、ロシアンルーレット! 一方、物理セグメントごと、サービスごとにケーブルの色を変えるとか、ラベルをつけるとか、ちょっとした心遣いがあるとすごくうれしいよね。

寒いサーバルームでも、心は温かくなる!

◆ありのままのデータベース

「ありのまま」って、自然体みたいでなんだかいい感じ♪

そうそう、草原とお花畑な感じがしてね……。って違う! 生まれたままの姿で、ロクに設計されていない状態ってこと。パフォーマンスチューニングもされていなければ、データも正規化されていない。

ああ! 検索にやたら時間がかかったり、リソース消費したりとか……。

ログをすべて残す設定にしていて、連休前後に溢れそうになったとかよく聞くわ。バッチ処理時間にも影響するわね。(はぶーっ)

サービスに影響しまくりじゃない! ひええ……。

◆ 密連携しすぎ

メインシステムとサブシステム、リポジトリ同士、密連携しすぎ。この属性データはAシステムから1時のバッチ処理で取り込んで、あの属性データはBシステムから2時に取り込んで、マスタデータはCシステムから……。

どこかコケたらアウト!

毎日が綱渡り! 運用アドベンチャーランドへようこそ☆

そういえば、同期入社の子が見ているシステム。夜間バッチ処理が超過密ダイヤで、メンテナンスのための計画停止ができないって嘆いていたっけ……。

◆ メンテナンス機能がないっ!

新システム、なんとかリリース。ところが……マスタメンテナンスやデータメンテナンスの画面がないっ!

なんですと!?

でもって、毎回、エンジニアが直接、データベースいじって、データパッチ当ててますみたいな。

オペレーションミスのリスクも怖いわねぇ……。

こういうのって、最初に作っておかないとなかなかあとから開発してもらえないのよね。すでに開発予算を使い切っちゃっていたりするし。

「運用でなんとかなっているんだからいいじゃん!」って言われちゃったりね。

◆監視メッセージが山のように飛んでくる

あるわねー。監視メッセージが大量に飛んでくる。どのメッセージに対して、どう対応したらよいのか判断できない。

怖いのが、やがて「狼が来たぞ」状態になること。クリティカルなアラートを見落として、対応しそびれることも。

◆ヘルプデスクが、ヘルプできない

ヘルプデスクが、ヘルプできない?　それってどんな状態?

いろいろあるわよ。たとえば、次の通り。

- 画面に名前がついていない。ユーザにどの画面を見たらいいのか案内しにくい
- エラーメッセージが汎用的すぎて、事象を切り分けしにくい
- 通常の操作では到底たどり着けない、隠しみたいな画面が点在
- 画面をひたすら下までスクロールしないと、目的の場所にたどり着けない
- 「ヘルプデスク権限」が用意されていない。管理画面を参照できず、ユーザの問い合わせにスムーズに回答できない

いったいなんの無理ゲーでしょう……。

それでまたユーザのクレームを増幅させる。ヘルプデスクの人たちもかわいそう。

これでは、ユーザをヘルプできません!

まだまだあるよ、運用観点欠落による悲しき景色

まだまだたくさんあるわ。運用観点を欠いたことによる悲しい景色。一挙公開!(リリっす!)

- そもそもユーザにそのシステムの存在や変更が周知されていない
- 想定以上の同時アクセスで、サーバダウン／タイムアウト多発
- 期変わり／組織変更などの業務パターンが考慮されていない
- ログが残っていない
- 試験環境と本番環境とで環境差分が……
- 運用マニュアルが難解で意味不明
- 機器をリモートで再起動できない(毎度、データセンターに駆けつけ対応)
- サーバルームの作業スペースが空調の真下(寒い)
- データセンターに休憩スペースがない

特に、非機能要件(※)は目に見える機能要件と違ってイメージしにくいだけに開発時に考慮漏れしやすいから注意が必要ね。

※可用性、性能、拡張性、運用・保守性、移行性、セキュリティ、自然環境への配慮、など機能以外の要件。非機能要件については、独立行政法人情報処理推進機構(IPA)が『非機能要求グレード』を詳しく定義して公開しています。

Before
After
なんということでしょう！
一人ひとりが運用を意識するだけで
見違えるような幸せな景色に☆
おお〜っ

…っと
その平和を
守るためには
きちんと**運用設計**を
しないといけないの
運用設計……
ですとっ!?

EXPLANATION

フロントエンドエンジニアに持ってほしい、運用観点の例

運用観点がないままに作られた情報システムは、使う人はもちろん、運用する人も幸せにしません。ここでは一例として、フロントエンドエンジニアに持ってほしい運用観点を解説します。

コーディングルールを決め、チーム全体に周知徹底する

システムもWebサイトも、一度、納品したらそれでおしまいではありません。顧客やユーザの要望に応じて、あるいは環境変化に応じて、運用担当者が変更や機能追加を行います。そのとき、コードが難解でぐちゃぐちゃに書かれていたら？　依存関係が複雑だったら？　解析に時間もかかれば、変更をして思わぬところに影響を及ぼすリスクも高まります。

コーディングルールを決めて書き始めましょう。ルールの内容としては、変数やメソッドなどの命名規則、禁止事項、インデントの仕方やコメントの付け方などです。

なお、関わる人数が多いプロジェクトほど記法がバラバラになりやすいため、制限事項の多い内容になります。一定のルールに基づいてわかりやすく書かれたコードは、運用者も手を入れやすくかつ不要なトラブルを減らすことができます。

ソフト面での問題解決ができないか意識する

「Webサイトの表示速度が遅いので、とりあえずサーバのスペックを上げてみた。けれど、あまり表示速度が変わらない……」

それって、本当にサーバ側の問題ですか？

Webサイトを高速化するためにとれる対策は大きく分けて2つ。**ハード面の高速化**と**ソフト面の高速化**です。「サーバの数を増やす」「サーバのスペックを上げる」これらはハード面での対策です。サーバ側だけで解決しようとすると利用料だけが高くなりがちです。ブラウザ側でできることがないかを常に意識しながらコーディングしましょう。

「自分が作ったWebサイトが速いか遅いかわからない」という方は、ページの表示速度を数値で教えてくれる無料サービスがGoogleより提供されていますので活用しましょう。具体的な解決策も提示してくれるのでオススメです。

- PageSpeed Insights（ページスピード インサイツ）

  URL https://developers.google.com/speed/pagespeed/insights/

▼URLを打ち込むだけで、100点満点でWebサイトの表示速度を評価してくれる

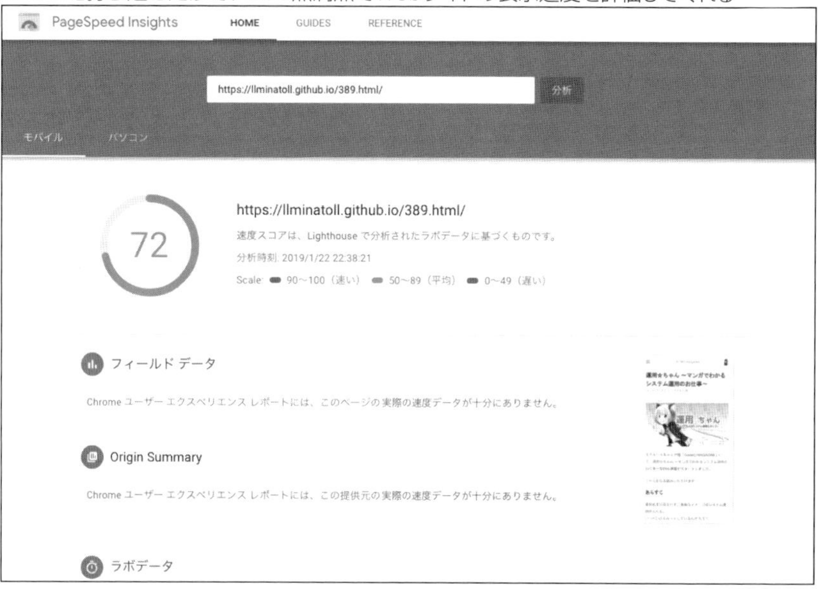

▼改善できる項目を優先順位順に教えてくれる

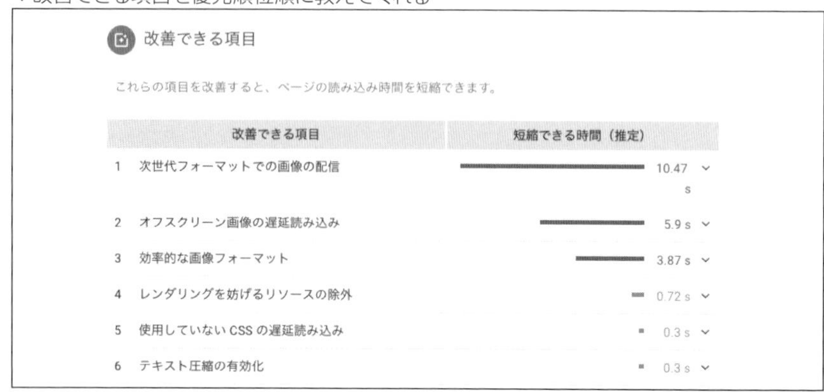

Googleの調査によると、モバイルサイトの読み込みに3秒以上かかる場合、53%のユーザが閲覧を止めて離脱してしまうらしいわ。私の担当サービスのスピードも計測してみようっと!

ソフト面を高速化させる方法は、大きく分けて3つあります。

- **通信頻度を抑える**…………**サーバへのリクエスト頻度を減らす**
- **通信量を抑える**……………**1回の問い合わせで通信される量を減らす**
- **実行速度を上げる**…………**ロジックを工夫する、コード量を減らすなど**

以降で、それぞれ詳しく見ていきましょう。

通信頻度を抑える

Webベースのサイトやシステムは、WebブラウザからWebサーバ、データベースサーバ、認証基盤リポジトリなど、各サーバへのリクエスト(HTTPリクエスト)とレスポンス(HTTPレスポンス)を繰り返してコンテンツをブラウザに提供します。

リクエストが頻繁だと、それだけシステムのリソースやパフォーマンスに負荷をかけることに。画像リクエスト、データベースリクエストなどのリクエストの少ないWebサイトは、運用面のコスト増抑止およびリスク軽減につながります。

具体的には、キャッシュを使う、CSSスプライト(※1)を使う、Sass(※2)などでCSSファイルを1つにするといった対策がとれます。また、地味なようですが、リンクのURLの最後には必ず「/」(スラッシュ)をつけることもリクエストを減らすことにつながります。「/」がないと一度、301リダイレクトに飛ばされてしまい、通信を2回していることになるためです。

※1　CSSスプライトとは、繰り返し使われるアイコンやサムネイル画像を、あらかじめひとつの画像にまとめ、CSSのポジション指定により画像の一部分だけ表示させる手法のこと。画像の枚数を減らすことで、表示速度を上げられます。
※2　Sass(サス)は、より効率的CSSを書けるようにした言語。「.scss」ファイルを複数で管理し、コンパイルするときには1つの「.css」ファイルに結合できます。

通信量を抑える

通信量を抑えるには、画像ファイルを圧縮したり、コードのサイズを圧縮する方法があります。

▶画像ファイルを圧縮する

画像がきれいなWebサイトは見た目にも美しく、アクセスを誘引する効果もあるでしょう。一方で、画像が最適化されていないと表示に時間がかかり、ユーザおよび運用者にストレスを与えることも。

- ファイル形式が不適切
  - 画質とファイルサイズは基本的に比例しますが、画像ファイル形式を適切なものにするだけでファイルサイズをぐっと軽量化できることがあります。JPEGは、人物写真、風景写真といった、色の数が多い画像に向いているファイル形式です。1600万以上の色を扱うことができます。PNG-8は、ロゴマーク、アイコン、シンプルなイラストといった、色の数が少ない画像に向いているファイル形式です。背景の透過に対応していますが、最大256色までしか扱えないため、写真やグラデーションには不向きです。GIFは、色の数が少なく、かつアニメーションさせたい場合に向いているファイル形式です。それぞれ最適な形式で書き出した上で、Webサイト公開前にmozjpegやTinyPNGなどの画像圧縮ツールを使うのも効果があります。画像圧縮ツールを使うことで、見た目をそれほど損なわず、容量を大幅に減らせます。
- 画像のサイズが大きすぎる
  - 印刷用データの流用で、画像サイズが大きいまま使ってしまっていた、なんてことも。特に、インターネット閲覧時のスマートフォン利用率（※）がパソコンを上回っている昨今、必要以上のサイズは使わないように気をつけましょう。
- アニメーションが不必要に多い
  - Webサイトの目的に立ち返り、それが本当に必要なアニメーションかどうかメンバーに相談してみましょう。

※2017年の通信利用動向調査によると、インターネットを使う際にスマートフォンを利用した人の割合が54.2%に上り、パソコンの48.7%をはじめて上回りました。今やスマートフォンがインターネット閲覧の主流になっています。

2018年3月27日に、Googleが「モバイルファーストインデックス」をアナウンスしたの、知ってるわよね？　従来はPC向けページをもとにGoogleのチェック・評価が行われていたものが、スマートフォン向けページの内容をもとに行われるようになったの。

BtoCのサービスを作っているなら、スマートフォン対応は必須ね！（もちろん、BtoBも！）

▶コードのサイズを圧縮する

コードの圧縮は効果があります。具体的には、不必要な空白や改行を削除したり、ソース内のコメントをなくしたりします。とはいえ、それらを毎回、手動でやっていては日が暮れますので、自動化ツールを使って一瞬で終わらせましょう。たとえば、タスク自動化ツールのGulp（ガルプ）を使えば、Sassをコンパイルするとき、同時にMinify（圧縮）が可能です。

Gulp（※）のoutputStyleというオプションをcompressedにすることで、出力される「.css」ファイルの改行をなくせるわ。

※Gulpの使い方については、『Webデザイナーの仕事を楽にする！ gulpではじめるWeb制作ワークフロー入門』（中村 勇希著、シーアンドアール研究所刊）がオススメです。

実行速度を上げる

実行速度を上げるには、次のような方法があります。

▶CSSはheadタグ内に書く

CSSとは、Cascading Style Sheet（カスケーディング・スタイルシート）の略で、Webページのスタイル（文字のフォント、色、大きさ、背景色、バナーなど）を指定して制御するための言語です。外部ファイル化したCSSで書かれたWebサイトは、変更・運用がしやすくなります。

たとえば、ある企業サイトの背景色を変更したい場合。CSSで背景色の表示を制御しているサイトであれば、1箇所のみ変更すればすべてのページに変更を反映することができるわ。HTMLにスタイル指定が直接、書かれている場合、すべてのページを変更しなければならないわね。

このCSSですが、すべて読み込まれるまでレンダリングされないため、早めに読み込まないと真っ白な画面が続くことになります。よって、CSSファイルの読み込みは必ずheadタグ内でするようにしましょう。

▶CSSセレクタの解析時間を短くする

CSSセレクタは右から左へ読み込まれ、解析されます。たとえば、次のようなセレクタの場合、HTMLファイル内のp要素をすべて解析し、その後にclass属性がnewsのものを解析するので時間がかかってしまいます。

```
.news p
```

▶画像読み込み時にひと工夫「画像の遅延読み込み」

サイトを訪問した人は、とにかく早く記事を読みたいものです。そのときに画面から見切れた下の方にある画像がすべてダウンロードされている必要はありませんよね。下の方にある画像は後から読みこむようにJavaScriptで設定可能です。

画像遅延ロードのプラグインはUnveil Lazy Load、lazysizes.js、layzr.jsなどがあります。

また、imgタグにwidthとheightを指定し、画像の読込みを待たずにレンダリングするという技もあります。

なお、CSSの詳細および書き方は、『わかばちゃんと学ぶ Webサイト制作の基本』(湊川あい著、シーアンドアール研究所刊)でわかりやすく解説されています。

バックエンドだけじゃなく、フロントエンドでも高速化に貢献できる要素はたくさんあるのね!

せっかくお金と時間をかけて作るシステム。長く愛される仕組みにしたいもの。そのためには運用担当者だけではなく、フロントエンドエンジニアも運用観点を持ち、より使いやすい仕組みを作っていってください。それが、エンジニアの地位向上そして技術そのものの地位向上にもつながります。

CHAPTER 3

運用設計について知ろう

Incident
05

「運用設計」ってなに?

遥子、
運用設計ってコトバは
聞いたことあるよね?
当然よね?
じっ

ええ
ま、まぁ…

運用設計は
システム安定運用の命!
ところが
なあなあで
残念なことになる
現場が
後を絶たないのよ

"運用設計なあなあ"が引き起こす、悲しき景色
リリース間際に
ようやく設計着手
環境も資材も
用意されていない
運用項目が
抜けもれだらけ
リリース後にドタバタ
そもそも
運用体制も人員も
確保されていない
GAME OVER
ヒエェ〜!

こんな事態は
避けたいわね…
こうならないために
具体的にどんなことを
設計しておけば
いいのかしら?

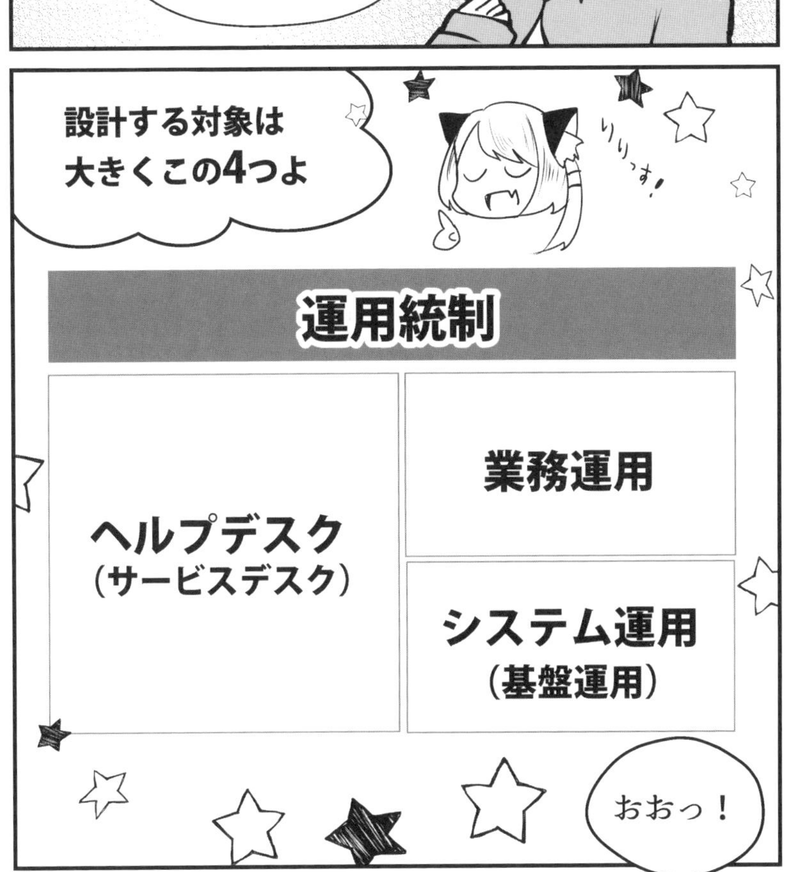
設計する対象は
大きくこの4つよ
りりっす!
運用統制
ヘルプデスク
(サービスデスク)
業務運用
システム運用
(基盤運用)
おおっ!

運用設計とは

運用設計とは、大雑把に言えば「システムでやること」と「業務でやること」を決めておく作業よ。運用設計するときには**3W1H**を意識してほしい。

3W1H……ですか?

そう。3W1Hは、次の4つのことよ。

- When…………いつ運用設計をするか?
- Who……………誰が運用設計をするか?
- What …………設計すべき運用項目は?
- How……………どのような体制で運用するか?

この4つは絶対ハズしちゃいけない。どの現場でも必ず話し合って、決めてほしいわね。

な、なるほど!(メモメモ)

When:いつ運用設計をするか?

で、運用設計っていつやればいいの?

そうね。残念ながら**明確な定義はない**わ(だからこそ、現場でしっかり話し合って決めてほしいんだけれどね)。ただ、早めに着手するに越したことはないわね。

早めって?

要件定義・設計など、なるべく上流(…って言い方あまり好きじゃないんだけど)でってこと。

なるほど!

一般的に、なにを運用項目として設計するかは、要件定義と基本設計によって決まってくるわね。

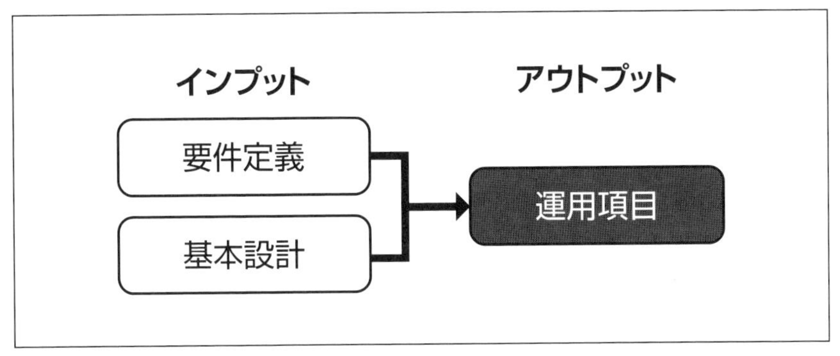

確かに! 機能とか、機器構成とか、システムフローや業務フローとか、使うパッケージや外部サービス(クラウドなど)とかってそこで決まっちゃうよね。

そう。運用できるかどうか見極めるためにも、要件定義や基本設計段階から運用設計に着手しておいたほうがいいってわけ。

ふむふむ。

特に性能や可用性目標、バッチ処理など、いわゆる非機能要件(※)は設計段階でほぼ決まってしまう。そして、あとになればなるほど、戻れなくなる! 「運用設計 = 非機能要件」を満たすための業務を設計すると言ってもいいくらいだし。

※非機能要件については、61ページを参照してください。

Who：誰が運用設計をするか?

「誰が運用設計をするか?」も答えがないのよね。会社によってや現場によって、まちまちだったりするし。

結構、アバウトな感じなのね……。

だからって、曖昧にしておいていいってことじゃない。あとで泣くのは運用現場であり、お客さんなんだから。ちなみに、こんなアンケート結果があるわ。「運用設計は開発がやるか?　運用がやるか?」

「ITシステムの運用設計。開発と運用、どちらのタスクですか？」

22%	開発のタスク
19%	運用のタスク
47%	共同タスク
12%	決まっていない（ケースバイケース）

132票・最終結果

※2019年1月7日に筆者がTwitterで実施
（https://twitter.com/amane_sawatari/status/1082101513609039872）

おお、見事に割れた!

誰がやるかは、現場の文化や事情によりけりよね。個人的には、運用のプロであるあたしたち運用者がやったほうがいいと思うけど。どの現場でも、誰が運用設計するかは必ず話し合って決めてほしいわね。

「誰も設計しません」だけは絶対避けたい……。

What：設計すべき運用項目は?

……で、なにを設計すればいいの?

よくぞ聞いてくれた、遥子!　これまた、明確な定義などないっ(リリっす!)。答えは自分で体系化するものよ!

なに、その開き直り……。でも、それじゃ私みたいな初心者は困っちゃうんですけど……。

それもそうね。主だったシステム運用項目を挙げておくわ。

- 監視
  - 死活監視
  - 性能監視
  - セキュリティ監視

【主な監視対象】
サービス／アプリケーション、インフラ(ハードウェア、ミドルウェア、データベース、ネットワーク、OS)、プロセス、各種リソース(CPU、メモリ、ファームウェア、ストレージなど)

- メンテナンス
  - パッチ適用
  - バージョンアップ作業
  - 証明書更新
  - ジョブ登録／実行
  - セキュリティ対策
  - データガベージ
  - アクセス制御
  - テスト環境の構築／維持
  - 各種設定変更
  - 機器メンテナンス(ディスク交換、メモリ増強、ネットワーク機器交換)

- バックアップ／ログ管理
  - データバックアップ／テープ交換
  - 媒体保管
  - ログ取得
  - ログローテーション
  - ログデータの圧縮／保管
  - 監査対応／モニタリング

- 報告
  - 定例報告
  - 臨時報告(トラブル報告など)

- ITILに沿ったサービスマネジメント業務
  - インシデント管理
  - 問題管理
  - 変更管理／リリース管理
  - イベント管理
  - 構成管理
  - ナレッジ管理
  - 情報セキュリティ管理
  - サービスレベル管理
  - 可用性管理／キャパシティ管理
  - サービス報告　ほか

- 運用ドキュメント管理
  - 作業手順書の最新化
  - 各種運用ドキュメントの改廃

- ベンダ対応
  - エスカレーションや問い合わせ
  - 製品情報収集

- 改善活動
  - 運用ツール作成
  - 効率化検討
  - 自動化検討

- 新技術の調査・検証・技術向上

うわぁ、たくさんある!
(こりゃ、取りこぼしたら大変ね)

それぞれ、**定期作業**(日次/週次/月次…)と**不定期作業**(アラートや申請ベースで随時対応)に分類して定義するわ。また、「JP1などの監視ツールから挙がってきたアラート起因で作業するのか?」「ユーザや関係者からの申請に応じて対応するものなのか?」など、**トリガー**を決めておくのも大事ね。

運用設計の成果物ってどんなものなのかしら?

いろいろあるわよ。運用項目一覧、運用フロー、手順書、作業チェックリスト、管理台帳(インシデント管理簿、問題管理簿、入退室記録簿など)、帳票(申請書、作業指示書など)、運用スケジュール、運用報告書などなど。

ほほう(メモメモ)。

現役のITサービスマネージャやインフラエンジニアが書いた書籍(※)やノウハウも出回っているから、遥子も参考にするといいと思うわ。

※運用設計についての書籍としては『みんなが知っておくべき運用設計のノウハウ Kindle版』(https://www.amazon.co.jp/dp/B0771HZRZ8)(JBSテクノロジー株式会社著)をオススメします。運用設計の観点や設計すべき項目が網羅された、具体的かつ実践的な一冊です。

How：どのような体制で運用するか?

そして、最後は体制。どんなに立派に運用項目を定義しても、実際に運用を回す体制や必要なスキルを持ったエンジニアをそろえられなければ絵に描いた餅。
(もちろん、予算確保も大事!)

そのためにも、システムやサービスの設計段階から、運用設計を始めておかないとダメなのね。

そういうこと!

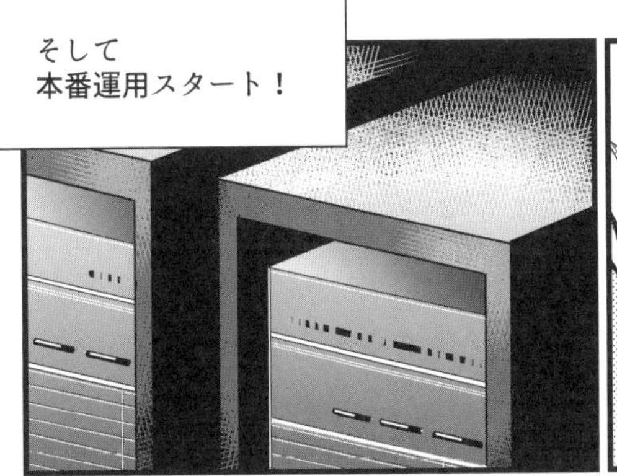

・効率化できないか？
・止められる作業はないか？
・自動化できないか？
・セキュリティリスクはないか？
・技術が陳腐化していないか？
・クラウドで代替できないか？

この子本当に妖精なのかしら

あ、そうそう
今日説明したのは
システム運用のみ
業務運用の設計も
忘れちゃダメ！

ぎょ、
業務運用……
って何！？
ぎょ〜む
うんよぉ〜
絶対こんな
イメージじゃ
ないよね…

運用設計できる人になろう

運用設計。言葉を聞いたことはあるものの、いざやろうとするとなにをどう設計したらよいのかわからない。それどころか、どんな成果物を残したらよいのかすらわからない。大変よく聞くお話です。

「お客さんから運用設計してくれと言われて、困っています……」

筆者もSIerでITサービスマネージャをしていたころ、同僚や他部署の人からこのような相談をたびたび受けていました。

無理もありません。運用設計について、次のような現状だからです。

- **運用設計の対象ややり方を示した標準やガイドラインがない**
- **なにをどのように設計するか、設計者や運用者の経験に依存しがち**
- **誰が運用設計をするか、役割分担が曖昧**

端的に言って、いままで有識者の経験や勘でなんとかしてきたか、あるいはなにもせずに後々、抜け漏れが発覚して慌てるか、いずれかのパターンです(いずれにしても、場当たり的であることに変わりありません)。

それだけに、運用設計ができる人は重宝がられます。価値ある運用人材になるチャンスです。積極的に、運用設計の体系化にチャレンジしましょう。

まずは、自組織で3W1Hを話し合ってみよう

まずは、ものがたりで紹介した4つのポイント、すなわち3W1Hをあなたの組織の中で話し合ってみてください。

- When………いつ運用設計をするか?
- Who…………誰が運用設計をするか?
- What………設計すべき運用項目は?
- How…………どのような体制で運用するか?

とりわけ、Whenは最優先で明確にしてほしい項目です。

いつ運用設計をするか?　これを明確にしておかないと、毎度毎度(新しいシステム開発/導入プロジェクトが走るたび)運用設計をするタイミングを逃し、気が付けばロクに設計されないまま運用開始を迎えていた……このような「なあなあ」な歴史が繰り返されるからです。

個人的には、ウォーターフォール型の開発プロセスを経るのであれば、要件定義工程、遅くとも基本設計と併行して運用設計も始めておいたほうがいいと考えます。これらの工程で、システムの機能要件はもちろん、アーキテクチャや使用する機器の構成およびスペック、非機能要件、サービスレベルなどが決まります。すなわち、運用部隊に求められるスキルや体制、運用でカバーすべき作業項目やレベルが決まるのも要件定義および基本設計工程なのです。

開発工程が進めば進むほど、運用設計および運用準備に費やせる時間は当然短くなります。運用のための予算や体制の確保もより厳しくなります。運用設計は、早めに着手するに越したことはありません。

で、なにを設計したらいい?

極めてシンプルに答えるならば、18ページで解説した4つの役割(業務運用、システム運用、ヘルプデスク/サービスデスク、運用統制)の作業項目が運用設計をする対象です。26ページを読み返してみてください。

加えて、システム運用の主な作業項目は70~78ページで、業務運用の主な作業項目は84ページでそれぞれ解説しています。

これらの項目を参照しつつ、あなたの現場の状況を勘案した上で、足し算引き算してみてください。

運用設計の成果物は?

運用設計の、代表的な成果物を示します。

- 運用設計書
- 運用体制図・連絡網
- 運用項目一覧
- 運用フロー図
- 手順書

- 作業チェックリスト
- 管理台帳(インシデント管理簿、問題管理簿、構成管理簿、入退室記録簿、特権ID払い出し管理簿など)
- 帳票(申請書、作業指示書など)
- 運用スケジュール
- 運用報告書

経験の知識化・体系化も大事

とはいえ、ITの世界に完璧がないのと同様、運用設計にも完璧はあり得ません。そこで、有識者の経験の知識化・体系化も肝になります。

「この機器構成だと、片系が落ちたときに切り替えに戸惑う。年1回、日を決めて切り替えの訓練をしたほうがいい」
「SSLサーバ証明書の期限切れで、通信障害が発生したことがあった。証明書の期限確認と疎通確認は運用項目に必ず入れよう」

こういった、過去のトラブルやヒヤリ・ハットの経験を確実に運用項目に落としこみましょう。そのためにも、運用者の経験を言語化して体系化する必要があります。個人の知識を、組織の知に。Learning Organization(学ぶ組織)を目指してください!

Incident
06

「業務運用」ってなに?

ぎ、業務運用って……
何？
それって食べられるもの？
めもりりーく!?
えっ、遥子知らないの!?
まあ、無理もないわね
業務運用っていう発想すらないゲンバ、あたしも結構見てきたし…
いまさら驚かない
私もはじめて聞きました
たとえばこんなお仕事をするのが業務運用よ！
ぴら
★運用業務を計画してスケジュール管理したり
★帳票やデータを抽出／提供したり
★データやマスタのメンテナンスをしたり
★ユーザへの周知など、コミュニケーションを計画して実施したり
★組織変更や年度末対応のような業務イベントに対応したり
!?
ガタ
イベントですと!?

イベントって
お花見とか?
ライブとか?
ほわ～ん

・・・・
ごめん
ごめん!!
本当
ごめんね!?
いや自分でも
やりすぎたと
思ったよ!?

業務運用は
たとえるなら
そうねぇ…
サラ…
ドー
業務とシステムの
システム
業務
ン
橋渡し役って
ところかしら
★俺たちの旅は
まだまだ始まった
ばっかりだー…!!

「業務運用」とは

運用業務は、システム運用(70ページで勉強したわよね)だけでは不十分。顧客やユーザが、情報システムを使って価値ある業務を回し続けるためには「業務運用」が絶対に必要なの!

「業務運用」って言葉、私もいま知りました……。

そうそう、これまたシステム運用以上に体系化されていない! だから、忘れられがち、見落とされがちなのよね。でもって、**リリース間際や本番運用開始してから皆あたふた**する……。
(ピングぅ〜)

ひえぇ! それ、絶対なんとかしたいです!

主な**業務運用項目を12個**、挙げておくわ。
(リリッす!)

「業務運用」の主な項目

1.運用スケジュール管理
2.データ/マスタメンテナンス
3.ユーザ情報管理/権限管理
4.構成管理/文書管理
5.インシデント対応/問題対応
6.ジョブメンテナンス
7.リリース対応
8.調達業務/課金請求
9.イベント対応
10.訓練/トレーニング
11.コミュニケーション管理
12.サービス報告

※一部「運用統制」業務に含まれる項目もあります(現場次第)

ひえぇっ! さらっとたくさんあるのね。

そうよ。これを取りこぼすって、相当ヤバいってわかるでしょ。では、1つずつ見ていくわよ。

運用スケジュール管理

運用スケジュールね。毎朝「今日の作業はなんだっけ」って確認してから、お仕事を進めているわ。

そうそう、それそれ。で、そのためにはあらかじめ誰かが運用項目を決めて、スケジュールを決めておかなければよね。神様や妖精が決めてくれるわけじゃないし。

確かに!

次のことを、運用管理者が中心となってやらないとね。

- 運用作業項目を決める
- 実施スケジュール(年間/月間/週単位/日単位)を決める
- 実施担当者を決める
- 運用作業項目や実施スケジュールの改廃をする

ふむふむ(メモメモ)。

アウトプットは、**運用項目一覧、運用スケジュール表、実施チェックリスト**などが挙げられるかしらね。

データ/マスタメンテナンス

たとえば運用している対象が経理システムなら、顧客やユーザ(経理部など)の要望を受けて「12月決算の取引先一覧」をデータ抽出してリストで提供したり、取引先マスタや部門マスタを更新したり、取引先の名称を変更したり。

データにパッチ当てたり?

そうそう。これって業務運用タスク。システムを作ってはいおしまいだと、必ずどこかであたふたする!

「マスタデータの変更、想定してません!」みたいな。ひええ……。

ユーザ情報管理/権限管理

あ、これ、私やってるかもです。退職したユーザの権限削除したりしているのって、それかしら?

そう! ユーザのアカウントを発行したり、情報変更したり、グループアカウントを作ったり、権限付与/剥奪したり。一般ユーザの管理だけじゃないわ。**特権ID**といって、管理者権限などのシステムを、維持運用するための特殊権限の運用管理も大事なお仕事(※)。

※特権ID管理は、運用統制が行う場合もあります。

Root権限とか、**Admin権限**とか、**ヘルプデスク権限**とか聞いたことあるわ!管理のルールや手順を決めておかないと大変なことになりそう……。

構成管理/文書管理

ひとえに構成といってもさまざまね。ユーザの端末の機器情報だったり、OSやブラウザのバージョンだったり、IPアドレスだったり。ソフトウェアライセンスの管理なんかも大事。誰がどのライセンス使っていて、更新期限はいつだとか。

確かに、それきちんと把握できていないと、新しいサービスをリリースしたあととかユーザの問い合わせ対応や、トラブル対応できないし。ヘルプデスクさんが泣いちゃうパターンね!

そして文書管理。運用ドキュメントや作業手順書、作業申請書など。**ただ作っただけではダメで、新規運用の追加/既存運用の変更や廃止に伴ってアップデートしない**とね。

業務は生き物。だから、きちんと管理して運用しないとですね!

インシデント対応/問題対応

通常の業務を邪魔するなにかを「インシデント」っていうわ。

トラブルとか、クレームとか、問い合わせとか?

そうそう。そして、インシデントに対して**とりあえずなんとかしてその場をしのぐ暫定対応のことを「インシデント対応」**っていう。

ふむふむ。

これに対して、**インシデントを二度と発生させないための恒久対応を「問題対応」**っていうわ。

目先と未来。どっちも大事ね!

ITIL(※)が、インシデント対応と運用対応のモデルフローを説明しているから参考にするといいわ。

※ITILについては『新人ガール ITIL使って業務プロセス改善します!』(シーアンドアール研究所刊)も参考にしてみてください。

ジョブメンテナンス

日次の夜間バッチ処理とか、オンラインのバッチ処理とか、顧客やユーザの要望や利用動向に応じて変更しなければいけないことってあるよね。ジョブの管理や再設計も大事!

あるある。「マスタ取り込みの時間帯を早くできないか!」とか言われたことあります。

リリース対応

そして、リリース対応!(リリっす!)

あわわ。ちょうど4月頭の年度切り替えのタイミングで、私が見ているシステムも機能追加のリリースがたんまりあるわ。

リリースのためのシステム停止をいつやるか? 顧客やユーザと事前調整してやらないとね。繁忙のタイミングでリリースしない/させないって、管理も大事なんだけどね。

調達業務/課金請求

運用に必要な機器やライセンスを発注したり、顧客に運用にかかった費用を請求したり、そのための専用帳票を購入したり。運用業務を回すため、あるいは顧客のITサービスを回すための業務も見落としちゃダメよ。

イベント対応

会社で仮装イベントとかちょっと興味ある……。

アパーッチ! そのイベントじゃないっ! 業務イベント、システムイベントのことよ。リリース対応もそうだけれど、ほかにも**組織変更対応(統廃合)、年度末対応、オフィスのレイアウト変更対応**のようなイベントを事前に察知して、必要な作業項目を定義し、実施するわ。ヘルプデスクなど、ユーザフロントに立つ人たちとの連携も重要よ。

ご、ごめんなさい! イベントって聞いて、勝手にワクワクしちゃいました。

……でも、あたしの衣装なら貸してあげてもよくってよ。

訓練/トレーニング

訓練って、避難訓練ですか!?
(わりと嫌いじゃない)

実はそれもある! 災害やセキュリティインシデント発生などを想定した、運用者への訓練を計画して実施したり。どんなに立派な手順書を作っても、バックアップ環境を立てておいても、訓練しておかないと、いざってときに対応できない。

言われてみればそうね!

事前に日を決めて、運用スケジュールにプロットする。確実に訓練が行われるようにしたいわね。もちろん、通常の運用作業の運用メンバーへの教育やトレーニングも大切なお仕事。

教育は計画的にね!

コミュニケーション管理

「顧客やユーザへの周知をどうするか?」「『中の人』のコミュニケーション手段やルールをどうするか?」というコミュニケーション設計と実施もはずせないわ。

確かに、せっかく新機能をリリースしたのにユーザに知られていないとか、メンテナンスのためのシステム停止を知らなくてユーザに怒られたとか、ヘルプデスクへの連絡手段がわからないとか、その手のトラブルが結構あるわ。

運用者同士(「中の人たち」)の連絡手段の整備やアップデートも重要よ。最近では、SlackやGitHubを使っている現場も出てきているみたい。

サービス報告

そして、サービス報告!

サービス残業の実態を報告……。

……ではありません!(レビュん!)　前月(または前日/前週など)の運用状況や課題を、運用管理責任者や顧客に報告することよ。**サービスの利用状況、運用作業の実施状況、可用性などサービスレベルで決めた内容に対する状況、インシデントの発生状況/対応状況、ヘルプデスクの対応状況、メモリやストレージの使用状況や変化、運用者の勤務時間**……などなど。運用の実態把握と改善につなげるための取り組み!(※)

※「運用統制」が実施する場合もあります。

それって、めっちゃ大事じゃないですか!?

ある意味、理不尽なサービス残業を発生させないための取り組みともいえるわね。

あ、私いま
気がついた
私が毎日
やっている仕事って
業務運用
だったんだって！
いわた茶のんで
ひと休み♪
それ大事！

自分がやっている仕事が
分からない、
説明できない
それじゃ
コスト扱いされちゃうし
良い人も集まらない
でもって
育成もできない
あれ？ めずらしく
ほめられてる…？

運用者にとって
4月といえば
アレよね
もわ〜ん
4月といえば、
アレ……ですよねっ♪

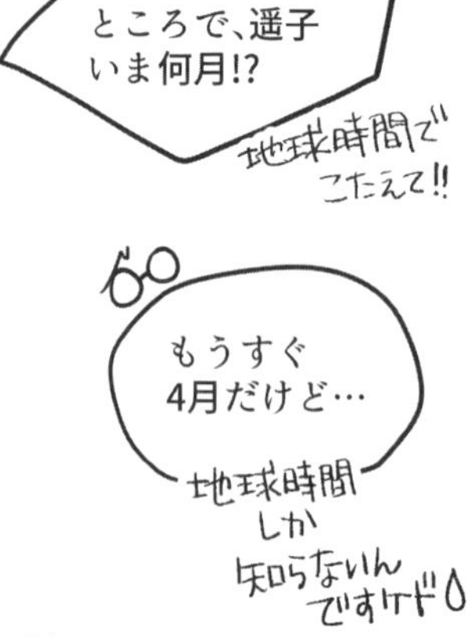
ハッ
ところで、遥子
いま何月!?
地球時間で
こたえて!!
もうすぐ
4月だけど…
地球時間
しか
知らないいん
ですケド

EXPLANATION

業務運用担当者が敏感になっておきたいポイント3つ

顧客やユーザの業務とシステムの橋渡し役。それが業務運用です。ワンランク上の業務運用担当者を目指すために、日ごろから敏感になっておきたい3つのポイントを解説します。

年間スケジュール／業務イベント

最重要ポイント。業務側の年間のスケジュールや業務イベントを把握しないことには、システム側の運用作業も前もって計画できません。

次のような年間の定期スケジュールはあらかじめ把握しておきましょう。

- 新入社員の入社・配属、昇格の人事発令、異動の人事発令など人事面のスケジュール
- 給与・賞与支給日、定時退社日など労務面のスケジュール
- 四半期決算、中間決算、経費申請締め日など財務面のスケジュール

次のような不定期なイベント情報も入手したいです。

- オフィス移転やビルの停電など総務面のイベント
- 新製品のリリース発表などマーケティング面のイベント

ユーザの動向

日々のエンドユーザの問い合わせやクレームの傾向、および上記年間スケジュールやイベントに合わせたユーザの行動パターン（システムへのアクセス動向、システム上の挙動など）なども押さえておきたいところ。ユーザの動向を勘案した上での業務の改善提案、システムの仕様の変更提案は顧客にも喜ばれます。

ユーザの動向を知るためには、次の点が肝になります。

- ユーザフロントである、ヘルプデスク／サービスデスクとの良好な関係構築と連携
- ユーザ動向を把握するためのデータ（アクセスログなど）の定義と測定

事業の変化

優秀な業務運用責任者・担当者は、顧客(社内システムであれば自社)の事業そのものの動向や変化の予兆を常にウォッチしています。そして、「システム面でどのような影響やリスクがあるか?」「どのような運用作業が発生しうるか?」を想像します。

- 「来期、A事業部とB事業部が統合するらしい」
  ⇒A事業部、B事業部の社員の部門コードの変更と権限変更の作業が発生するに違いない。

- 「新たな職位「次長」が設定されるらしい」
  ⇒人事システム、会計システム、認証基盤システムおよび権限管理のサブシステムにおける影響を調査しておいたほうがよさそうだ。

- 「企業ブランド強化のため、グループ会社間(親会社と各子会社)でドメインを統合するそうだ」
  ⇒メールアドレスのドメイン名統合における影響は?　統合する会社間で同姓同名の人物が存在する場合の、メールアドレス変更ルールを考える必要がありそうだ。過渡期の運用(新旧メールアドレスの併行運用など)も考慮が必要。

顧客のビジネス面のスケジュールや変化にもアンテナを立て⇒システム面の影響を想像/想定でき⇒先を見据えた対応をする。これができる運用担当者は、顧客や開発担当者からも一目置かれます。

社内の「引越し」を制する者は、運用を制する

ええっ!?
引越しなんかで
イイんですか？

何言ってるの！
あたしたち運用にとって
4月＝引越しに決まってるでしょ
妖精界でもジョーシキよ

引越しはね…

ぷるりくっ
運用者や
インフラエンジニアが
真価を発揮する、
最高のチャンス
なんだからっ！

システム運用者が意識したい引越し業務

……というわけで、今回はお引越し特集よ。

オフィス移転やレイアウト変更。確かに、期が変わる4月前後に多いイメージね。

4月の組織改正にあわせてお引越しってところも少なくないようね。

で、でも……お引越しって、「総務部さんが引越し業者さんを手配して以上!」じゃないの？　私たち、システム運用者の出番なんてあるのかしら?

(ピングっ!?)なに寝ぼけたこと言っているの、遥子!　ネットワーク環境を整えたり、ペーパーレスを進めたり、新しいデバイスを入れてみたり、セキュアな環境を構築したり、ITインフラの有識者がいないと回らない世界よ。率先して巻き込まれてほしいわね!

ひいいっ!　ごめんなさい!　で、具体的になにをしたらいいのかしら?

いい質問ね。システム運用者が意識したい、引越し業務14項目はこれよ!(リリッす!)

システム運用者が意識したい
引越し業務14項目

1.体制構築
2.全体スケジュール把握/策定
3.図面の入手
4.機器構成の確認
5.回線の契約内容確認
6.現地調査の計画
7.現地調査の実施
8.引越し前日/当日の段取り
9.IPアドレスの割り当て/DNSの確認
10.ユーザへの事前周知
11.リハーサル実施
12.引越し実施
13.退去と廃棄
14.振り返り

これまた、てんこ盛りですね!

でしょ。とても一部署でできる内容じゃないわ。

体制構築

まずは体制作り。一連の引越しに必要な関係者を特定して、体制を組む。

どんな人たちがいればいいのかしら?

そうね。代表的な登場人物を挙げると、次のようなところかしら。

- 総務部門/ファシリティエンジニア
- 業務部門
- 情報システム部門/ITベンダ
- ビル管理会社(移転元/移転先両方)
- 回線事業者
- 引越し業者
- 工事事業者(空調、電源設備など)

たくさんの人を巻き込まないといけないのね! 総務部さんと引越し業者さんだけでいいなんて言って、ごめんなさい……。

引越し慣れしている会社だと、巻き込む人たちがすでに決まっていて、ある意味登場人物が「パッケージ化」された状態になっているみたいね。引越しを機に、これらの関係者と仲良くなっておくと後々のレイアウト変更や設備増強のときにも役立つわよ。

全体スケジュール把握／策定

次に（あるいは体制構築と併行して）引越しの全体スケジュールやマイルストーンを押さえる、あるいは作るわ。

総務部さんがマスタスケジュールを引いていることが多そうね。

基本そうなんだけれど、どうしても総務部には気付きにくいIT視点や運用視点があるから、そこをITインフラのプロとして補うのよ！（ぱふぉちゅーん！）

どんな視点が必要なのかしら？

サーバルームを設置する場合など、セキュリティ面での配慮がなされているかとか、マシンに快適な空調環境が確保できるかとか、引越し当日の機器設置作業が考慮されているかとか、事前に現地調査させてもらえるかとか……挙げればキリがないわ！　特に、**現地調査の日程は絶対に確保**して！

は、はいっ！　死守します！

そのほか、**組織変更の概要、新オフィスに求めるものや解決したい課題（例：コミュニケーション活性。生産性向上）、床面積の変化、移転元オフィスの退去日、廃棄する機器や引越し資材の廃棄方法**なども確認しておきたいわね。

ふむふむ。

そもそもなにかと繁忙の4月にお引越ししない／させないコントロールも大事だったりするんだけれどね。あ、IT視点、運用視点の主だったポイントは、これから解説するわね。

図面の入手

移転先のフロアのレイアウト図や配線図を手に入れるのよね。これがないとお話にならない!

待って、遥子!　移転「先」だけでは不十分。移転「元」、すなわち、いまいるオフィスの図面も押さえておきたいわ。

ああ、そうか!　移設をするのだから、いまのオフィスの図面も確認しておかなきゃね。ううむ、引越しは奥が深い……。

移転先の床面積が狭くなるのであれば、**ペーパーレス**を提案したり、**無線LAN**を導入したり、**デスクトップ端末の仮想化**を提案したりと、**運用者やインフラエンジニアが付加価値ある提案をするチャンス**でもあるわ!

それって、**新しい技術にチャレンジするチャンス**……ってことですか!?

そういうこと!　そのためにも、現状のオフィスの課題がなんなのかを知っておいたり、社外の勉強会に参加してオフィス移転のノウハウを聞いておくのもいいわね。

機器構成の確認

移転先に持っていく機器、廃棄する機器、新設する機器。すべてリストアップしておく必要があるわ。

機器っていってもいろいろありそうね。

次のようにいろいろあるわよ。

- PCなどの端末
- プリンタや複合機
- 電話

- 各種サーバ
- ネットワーク機器（スイッチ、ゲートウェイ、スイッチ、ハブ、ロードバランサなど）
- IPアドレス（ネットワーク、ゲートウェイなど）
- DNS
- 入退室管理機器
- 監視カメラ
- 電源設備　など

なんか、目まいがしました……。

こういうときにあたふたしないためにも、ITILでいう構成管理が大事なのよ！（リリっす！）

なるほど！　日々、きちんと構成情報を把握してアップデートしているかどうかで差がつくのね。

回線の契約内容の確認

外部のインターネット事業者を利用している場合、次のことも余裕を持って進めておきたいわね。

- キャリアの特定
- 回線速度（Mbps）の確認
- ネットワークアドレス、サブネットマスクなどの情報確認
- 移転に伴う工事申請の方法とリードタイムの確認
- 必要となる工事内容と日程の確認

現地調査の計画／現地調査の実施

待っていました、現地調査！

絶対ハズしちゃいけないヤツですねっ！

フロアの間取りやレイアウトの確認も大事だけれど、ほかにも次のようなポイントは押さえておきたいわね。

- 配電盤、分電盤などの位置
- ネットワーク機器設置可能場所
- 防火扉(周囲には物を置けないなどの物理規制あり)
- パーティションの設置可能箇所
- 空調の位置や強さ
- 窓の有無(サーバルームを置く場合、窓のない場所が望ましい)
- 床板/天井板の開閉可能場所と配線作業可能箇所
- 携帯電話の電波の受信状況
- 当日の引越し作業の段取り

管理管轄外の共用区画に配電盤があって、そこから電気やネットワークを引いていて、後々、コントロール不能になって揉めるなんてケースもあるわ。

引越し業者さんにも立ち会ってもらったほうがよさそうな気がするな。

いい視点ね。引越し当日は、書類やオフィス什器などもフロアに溢れるから、きちんと段取りを決めておかないとパニックになる。開封した段ボールが山積みで、ネットワーク敷設作業ができなかったり。現地調査の段階で、引越し業者さんと一緒に物の搬入順序や置き場所を決めておくに越したことはないわ。

引越し前日/当日の段取り

現地調査が終わったら、引越し前日や当日の動きを設計して段取りする。ユーザ(=オフィスの入居者)の動きも加味して、段取りしないと当日大変なことになるわ。

確かに、インフラの設定が終わっていないのに、社員がどかどか出社して段ボールを開け始めても困っちゃうかも。

あと、引越し当日によくあるのが「入館できません!」「電気が開通していなくて、作業ができません!」「エレベーターの扉が小さくて、サーバラックが載りません!」とかね。

わ、笑えないです……。

現地調査の段階では、建築中でまだビルの入退館システムが稼働していなかったり、管理人さんが立ち会っていたり、ある意味イレギュラーな状態でフロアに入れてしまっているから気付きにくいのよね。

わかる。さらに、引越しって土日や早朝にやることも多いから、事前に入館申請しておかないとビルに入れなかったり……。

次のことも抜かりなくね!

- 当日の入退館の段取り
- 作業順序と動線の再確認
- 当日の指揮命令系統、トラブル対応方法の確認

IPアドレスの割り当て／DNSの確認

新旧のIPアドレスの割り当て。うまくやらないと、IPが競合して(あるいは競合が発覚して)トラブルになるわ。

これも、日々の構成管理をきちんとやっていればスムーズにいきそうね。

これを機に、DHCP(※)にしてしまう手もありよね。

※Dynamic Host Configuration Protocolの略。IPアドレスを、サーバが自動で割り当てる仕組み。

業務規制の計画と事前周知

そして、ユーザ対応も引越しの成否の鍵！　旧オフィスの退去日（最終出社日）と、新オフィスの入居日（最初の出社日）、それぞれユーザにとってほしい行動を計画して案内する。

最終日だと、いつまでに段ボールに荷詰めして、業務を何時までに終了して、何時までに退館して……みたいな？

それそれ！　そして、新オフィス出社初日の入退館方法、規制事項（例：エレベーターは使用禁止）、空になった段ボールの置き場所なんかも確認しておくとスムーズよ。

システムの利用規制をする場合は、きちんとヘルプデスクさんにも伝えておかなくちゃね。

リハーサル実施／引越し実施

準備万端！　いざ、引越しGo!

待った！　あせる気持ちはわかる。でもね、できればリハーサルをやっておきたいな。

ええ、そこまでやりますか!?

うん。いざサーバやネットワーク機器を現行のオフィスから移動させようとしたときに、「ネットワークケーブルが見事なスパゲティ状。どこからどう手をつけたものか……」「そういえば、サーバを落としたことがない。うまく再起動できるか不安……」といったことがよくあるわ。

なるほど！　現行の環境に問題が見つかることもあるのね。

そうよ。だから、いまのうちに手順書を作ったり、机上であってもリハーサルしておいたほうがいいわ。

退去と廃棄／振り返りの実施

引越しが終わったら、旧オフィスに忘れ物や落し物がないか確認する。新旧オフィスで出たゴミや不要物を廃棄する。忘れずにね。

旧オフィスの原状回復義務がある場合は、完了工事を見届けるのも大事よね。

そうそう、ことわざにもあるじゃない。「立つ妖精、跡を濁さず」ってね。

（ううん。なんかちょっと違うような……）

そして、引越しが終わったら振り返り会をやる！　良かった点、反省点を洗い出して、組織のノウハウに変えるのだ！（リリっす！）

なにより引越しは
あたしたち運用者が
成長するチャンス
なのだ！
でしょ
はーっ！やっぱり
新しいオフィスは
気持ちイイね

ところで…

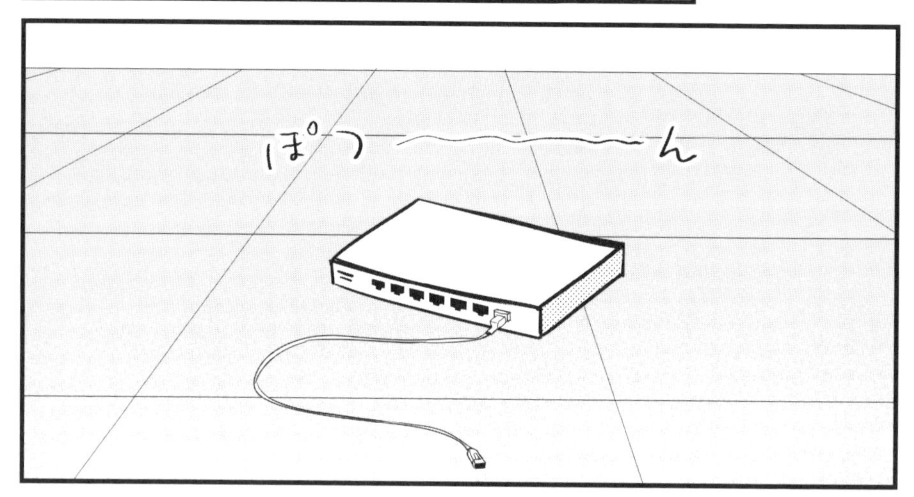

ぽつ～～～～ん

あのケーブルと機器
何かしらね？
さっきから気になって
いたんだけど
ピングッ!?

★それでいいのか、運用☆ちゃん!?――

CHAPTER 4
運用業務の広がり

運用者よ、上流工程に参画せよ!

あの… 海外でも
「運用でカバー」って文化
あるんでしょうか？
運用☆ちゃん、
ちゃんと翻訳してねっ
運用
NG
The projects will NOT proceed
without approval
by IT Service Managers.
運用責任者の承認なしに
プロジェクトは次工程へは進めません
キッパリ
えっ!?
ええっ!!??

海外では運用責任者の承認がないと、次工程に進めない!?

い、いま、なんておっしゃいましたっ!?

ハイ。「運用責任者の承認なしに、プロジェクトは次工程には進めません」と言いました。

開発に運用が口を挟む。そんなのって、あり得るんですか!?　てっきり、運用のお仕事って、企画や開発が作ったシステムをそのまま受けて、言われたままに守る役割だと思っていました……。
（実際、そんな感じだし）

その声、本当によく聞くわね（日本の運用現場では特に）。

Sounds unreasonable. それは合理的ではないですね。だって、実際にシステムが価値をユーザに提供するのはリリースしてから、すなわち運用段階でしょう。ユーザに最も近く、かつサービスを提供する当事者が企画や開発に関わらないって、考えられないです。

ご、ごもっとも!

運用責任者は要件定義やシステム構築レビューにも参加

私たち（ITサービスマネージャ）は、要件定義にも呼ばれますし、システム構築や導入の各工程のレビュー（要件レビュー／設計レビュー／テスト項目のレビュー／運用設計レビュー／変更レビュー／リリース判定など）にも参画します。

ファッ…!?　じょ、上流に参画しまくりですね!

レビューのドキュメントには、運用責任者の承認欄があります。ITサービスマネージャがサインしないと、次の工程に進めない仕組みですね。

う、運用、強いっ!

強いとか弱いとかじゃなくて、当たり前の役割責任を公平に果たしているだけなんだけれどね。

要件定義に、サービスデスク/ヘルプデスクのリーダーに同席してもらうこともあります。

要件定義にですかっ!?

そうです。ユーザの声を最も知っているのは、企画担当者でも開発担当者でもない、サービスデスクやヘルプデスクですよね。

確かにっ!

この作りではこんなクレームが発生しそうだとか、この操作はユーザには高度すぎるとか、こんな補足説明をしたほうがよいとか、要件に対してユーザ視点の意見や提案をもらえますから。

使う人とシステムをつなぐ、それがサービスデスク/ヘルプデスクであり運用の価値よね。

そうか!　それに、要件定義段階でシステムの仕様がどうなるか運用が知っていれば、運用設計も先を見越して早めに着手できる。

ヘルプデスクも、ユーザ対応マニュアルやFAQ(よくあるお問い合わせと回答集)を先んじて作っておけるわね。

あらかじめ、どのような運用が発生しそうかわかっていれば、自動化の検討もしやすくなります。これは、運用エンジニアの技術力の向上にも寄与します。ところがリリース間際だと、そうはいかない。

なるほど。後手後手の「運用でカバー」は運用者やインフラエンジニアの成長機会を奪ってしまうのね……。

これを繰り返すと、IT業界がどんどん疲弊して弱体化するわ!(リリっす!)

ときには「運用でカバー」せざるを得ないケースもある!

とはいえ、システムにはどうしても運用でカバーせざるを得ないケースも存在します。

例外対応とか、年に1回しか発生しないイレギュラーな業務パターンとか、すべてをシステム化していたらキリがないものね。お金がいくらあっても足りない。

運用でカバーする方法を、システムのリリース間際に発覚して考えるのか？　上流工程で気付いて阻止する、あるいは早めに運用のプロが知って対応方法を考え始めるのか？　この違いは大きいです。企画・開発と運用の信頼関係、コラボレーションにも影響しますね。

確かに「開発がなんか作っているなー。でもなんだかわからないし教えてももらえないよなぁ」「どうせまた使えないシステムをマル投げされて、火を吹くんだろなぁー」ってモヤモヤ、不安だしフラストレーションよね。なんだか、ぞんざいに扱われている感じもしてモチベーションだって上がらない(いまの私?)。

お互いがお互い壁を作って、見えない状態作って、勝手にモヤモヤして……。でもってリリース間際になって責任の押し付け合い。暫定運用でなんとかする。そして、勝手に仲が悪くなる。誰も得しないわよね(ぱふぉちゅーん!)。

「カオス」は、後工程の生産性もモチベーションも下げます。結果、サービスの品質にも悪影響を及ぼす。いいことはありません。

わかりみ……です。

私たちの現場は、開発と運用が信頼し合っています。お互いがお互いのプロフェッショナリティを認め合い、情報を開示し合って良いサービスを作り上げる、提供する。この関係が築けていますね。

要件定義から参画すると、運用メンバーのシステムに対する愛着も責任感も強くなるわ。これが、他人が勝手に作ったシステムだったら、やっぱり他人事感しか持てないわよ。人間だもの(あたしは妖精だけど)。

そうか……上流に参画できる、情報を早めにもらえる=信頼されているってことよね。そして、人って自分が信頼されているって感じると、頑張りたいって思う!

企画も開発も運用も関係なく、誇りを持って良いITサービスを提供し続ければ、顧客やユーザのシステムに対する信頼も高まるわ。お互い壁作って喧嘩していたら、システムそのもの、IT業界そのもののブランド価値が下がる。

Yokoさんも、「運用の立場でどんな価値を出せるか?」を考えて実践していってくださいね。それが、私「たち」ITサービスマネージャの価値向上につながります。私たちの日々のPracticeが運用のバリューを創るのですから!

は、はいっ! 頑張ります!
(やった、私「たち」って言われた! 世界が仲間!)

いい刺激もらった
なんていうか、
世界は広いって実感！
なかなか
スパイス効いてて
よかったでしょ？
いままで
いかに狭い世界しか
見ていなかったか
思い知ったわ
自社に
籠(こも)っていては
ダメね
ケロケロ
井の中の蛙では
いけないんだわ…
私、運用者として
視野を
広げたい……
かも
遥子(ようこ)…いま
なんて
言いましたっ!?

Incident 09 クラウド時代の運用者の歩き方

ドーン
おおっ!!
なんか、大都会の
オフィスビルって感じですね！
アイレット株式会社
という会社の
インフラエンジニアの
お話を聞きに行くよ！

私たち
アイレット
です！
ようこそ
いらっしゃいませ～
はとり まなみ
羽鳥 愛美さん
広報担当
こぐれ かずあき
木檜 和明さん
インフラエンジニア
は、はじめまして
お世話になります！
ははは
よく驚かれます
ぬぉおっ！
技術書がこんなに
たくさん！

Q1.アイレットってどんな会社なんですか?

えーと、アイレットさんってそもそもどんなことをしている会社なんですか?
(すみません、この妖精に突然連れてこられたもんで……)

AWSを基盤としたITサービスのインフラ設計から構築、運用までトータルで提供する「cloudpack(クラウドパック)」と、アプリケーション開発などを手掛ける「システム開発事業」を提供している会社です。詳しいサービス内容はこちらをご覧になってくださいね。

- アイレット株式会社(本社:東京都港区)

  URL https://www.iret.co.jp/

- cloudpackサービスページ

  URL https://cloudpack.jp/

（だ、だぶりゅーびーえす……ってなに!?）

AWS（エーダブリューエス）。Amazon Web Servicesの略ね。
（Amazon.comが提供している、クラウドサービスよ!）。

すごい!　最先端を走っていらっしゃいますね!

Q2.木檜さんの現在のお仕事内容を教えてください。

「cloudpack」の提供するサービスにおいて、"SRE"として、あるクライアントさん向けにAWSを活用したインフラサービスの提供と改善を行っています。

え、エスアールイーってなんですか?　木檜さんは運用担当ではないんですか?

あはは。運用を中心に、ITサービスを安定して提供するための工夫と改善を繰り返す役割といった感じかな?

いま、「運用を中心に」……っておっしゃいました!?
（末端じゃなくて?）

SREはSite Reliability Engineeringの略で、米国Google発のITサービス提供手法といわれているわ。

???　いまいち、ピンとこないんですけど……。

顧客のビジネスニーズや、外部環境の変化に合わせて価値あるITサービスを提供するためには、与えられたシステムをただ運用しているだけではダメ。常に最新の技術やトレンドをキャッチアップして、スピーディーに改良していかないといけないわ。新しいクラウドサービスを組み込んでみたり、APIを作って連携させたり。

そう。運用☆ちゃんの言う通り。まさにシステムの利用、すなわち運用を中心に、企画をしたり、開発をしたり、改善をしたり、クラウドを利用したりと柔軟にITサービスを提供する考え方なのですよ。図にすると、こんな感じかな。

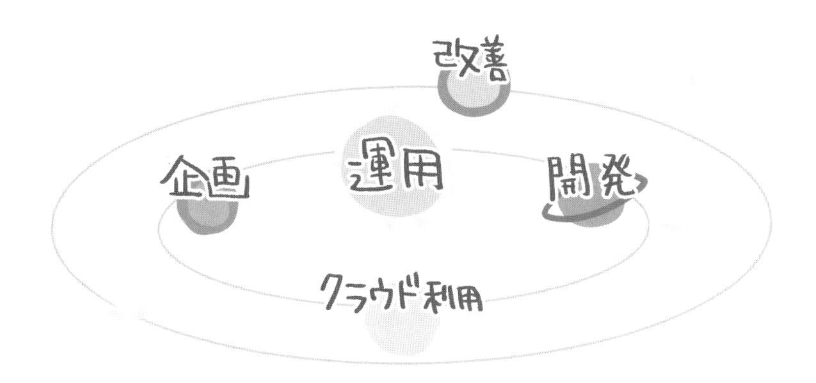

本当に、運用が中心に回っているのね!
(私の現場とは大違い……)

Q3.木檜さんはどんなキャリアパスを歩んで来られたのですか?

実は、私はもともと運用のエンジニアではなかったのです。

えっ!? そうなんですか? まさか、歌手だった……とかですか!?

歌うのは嫌いじゃないですね。いえいえいえ、もともとはプログラマだったんです。新卒で入社した会社では、C言語を使った開発をしていました。オンプレミス(※)畑でしたよ。

※情報システムのハードウェアやソフトウェアを、自社で購入/構築して利用する形態。クラウドサービスが普及する以前は、一般的なスタイルだった。

最初から運用の専門家だったわけではないのですね!

で、あるとき会社から「インフラやってみないか?」って言われましてね。最初はイヤイヤだったのですが、やってみたらこれが面白い!

面白い……!? どんなところがですか?

システム全体を俯瞰できるようになったんですね。開発もやって、運用もやって。一気に視野が広がった。そして、あるとき気付いたのです。

むむっ!

開発も運用も、すべてが平等に大事だって。

平等に大事!

そうです。よく上流とか下流とかって言うじゃないですか。

(ピングっ!?)

(ああ、運用☆ちゃんが大嫌いな言葉を……)

上流=設計(開発)、下流=運用みたいな風潮がある。でもそれっておかしい。単にシステム作りのフェーズが違うだけなのです。なのに、従来のオンプレミス型主流のウォーターフォール型(※)の開発では、運用が登場するのは最後。開発が作ったものを、そのまま押し付けられる感じですよね。

※従来のソフトウェアの開発手法の1つ。開発工程を、要件定義→設計(外部設計、内部設計)→プログラミング→テスト→運用のフェーズに分けて順に進めるやり方。水が上流から下流に流れ落ちるがごとく進んでいくことから、ウォーターフォールと呼ばれる。

むむむ……。

システムがお客様の利益を生み出すのは、間違いなくリリースしてから。すなわち、運用フェーズなんです。運用を中心に、新たなサービスの発想が生まれて、新しい仕事が増える。しかし、ウォーターフォール型ではなかなかそれがうまく機能しない。川を流れる水は海に注げど、上流に戻ってこない。海の水は蒸発して雨となってまた川に戻るのがあるべき姿です。つまり、運用の知見がノウハウとしてシステム全体を熟成させていくべきなのにそれができていない。運用の知見がノウハウとして還元されにくい。そこにもどかしさを感じるようになりました。

Q4.木檜さんがクラウドにシフトしたきっかけを教えてください。

従来のオンプレミス型の、「作ったら終わり」のスタイルに納得がいかなかった。自分が作ったシステムを、主体的にきちんと運用していきたい。しかし、オンプレミスの運用担当ではそうはいかない。他人が作ったシステムを、オペレーションするだけ。それでは楽しくないし、自分も成長できない。そこで、AWSを使ったサービスを展開するいまの会社に転職しました。

Q5.AWSを使うようになってから、どんな変化がありましたか?

いろいろありますよ。まず、運用中心の仕組み作りを考えるようになりましたね。

たとえば、どんなことでしょう?

たとえば、サーバ100台に設定作業をするとしましょう。昔は1台ずつ、順に設定作業をしていました。

気が遠くなりそうね……。作業ミスのリスクもあるわ。

いまなら、Docker（※1）やAnsible（※2）を使ったり、クラウドやその周辺サービスを使うことで仕組み化して効率よく作業をこなすことができます。

※1 Docker社が開発した、コンテナ型の仮想化環境を提供するオープンソースソフトウェア。文字通り、コンテナを積むかのごとくITサービスをインフラ上に積んで細切れで利用できる。オープンソースソフトウェアとは、ソースコードが無償で公開され、改良や再配布が許可されているソフトウェアのこと。

※2 オープンソースの構成管理ツール。物理サーバやクラウドなどのITインフラの構成管理、および運用作業の自動化を行うことができる。

なるほど！　ほかにはクラウドにどんなメリットを感じていらっしゃいますか？

調達がとにかくラクになりました。いままでのオンプレミスのやり方だと、キャパシティを拡張するのも一苦労。サーバを追加購入したり、ストレージを買い足したりするのに、いちいち稟議書を書いて、決裁をとって。煩雑な事務作業に振り回される。そこから購買部門がベンダと価格交渉したりと、時間もかかる。

あぁ、わかります。稟議書に不備があると差戻しされたりとか、もどかしいですよね。

でしょ！　その点、クラウドはラクです。必要なときだけ、必要なキャパシティや機能を買って、いらなくなったらすぐやめられる。都度の稟議が不要。エンジニアが稟議書を書く事務作業から解放され、エンジニア本来の仕事に集中できるようになる！　このメリットは大きいですよ。

確かに、大きい！

運用人材のキャリアの面でのメリットもありそうよね。

ありますね。運用者はクラウドやったほうがいいです！　ただ手を動かせるだけのオペレータはこれから先、生き残るのに苦労するでしょう。一方で、AWSをはじめとするクラウドを中心に、ITサービス全体を俯瞰してデザインできるSRE人材は間違いなく価値が高い。

間違いないですね！

お客様との関係も密になり、受注者／発注者の関係からともにサービスを育てていくパートナーの関係に進化できる。オペレータではそうはいかないですよね。そして、SREができる人材はまだ日本では希少。いまがチャンスですよ！

いまがチャンス！

Q6.最後に、運用の皆さんへのメッセージをお願いします！

そうはいっても、いまの現場がオンプレミス&ウォーターフォール型である限り、クラウドを経験するって難しいと思うんですよね（私の現場もそうですし）。どうしたらいいのでしょう……？

クラウドを使うかどうかは、手段の問題でしかありません。それよりもまず、開発と運用の垣根を越えてほしいです。壁を作らず、企画や開発プロジェクトにも顔を出してみる。そうすると視野が広がります。「私はSREです！」と名乗ってしまってもいいと思いますよ。宣言して行動する。それと……。

それと？

従来のオンプレミス型であっても、実業務を通じて経験学習できることはたくさんあります。たとえば、日々、発生するインシデント。ただ単に検知して、エンジニアやベンダにエスカレーションしているだけでは、オペレータから脱却できない。「自分だったらどう切り分けをするか?」「自分ならどう解決するか?」対応策まで主体的に考えるクセをつけてください。なんなら解決しちゃってもいい。

いまの環境でも、できることはあるのね!

オンプレミス型のシステムの運用で経験した、インシデントや問題の切り分け力、対応力、あるいは勘所は間違いなくクラウドでも役に立ちます。オンプレミスって、すごく勉強になるんですよ!

そう言われると、いまの環境でも十分成長できる気がしてきました! なんか、勇気をもらったかも……。

そうよ、運用の未来は明るいのよ!

遥子さんも、SRE目指して楽しく頑張りましょう!

はい! ありがとうございましたっ!

どうだった？
遥子
世界には
運用の先駆者が
たくさんいるのよ
良かった～
近い将来の
目標ができましたって感じ
運用の未来は
明るい　……か
決めた！
私これから
宣言するね！
ばっっ
わぉ!!
遥子、やる気に
なったのね

私はSQLです！
って
・・・。
どめい～ん
ちがーう！
SREだっつーの
id
name
phone
1
沢渡
2
馬場
3
海野
4
林
5
森
6
伊呂波
7
大山

Incident 10

「DevOps」ってなに?

そういえば
本の中に知らないコトバが出てきたわ
ure and
d software operation (Op
c of the DevOps moveme
mation and monitoring a
on, fro
astructure
でぶおぷす?
これってどんなものなのかしら?
キュピーン!!
それならあの人に聞きにいくわよ
ズル
ズル
ズル
あれ〜!!またこのパターン!!
紹介するわ
長沢智治(ながさわ ともはる)さん
シュ
DevOps(デブオプス)のエバンジェリストよ
Dev Ops
D
バッ

Q1.長沢さんはどんなお仕事をされているのですか？

は、はじめまして。海野 遥子です。ところで、長沢さんはどんなお仕事をなさっているのですか？
（突然、この妖精に連れて来られたもんで……）

ははは。一言で言うと、DevOpsのエバンジェリストをしています。

エバンジェリスト……。
（って、なに!?　なんか、変身とかしそうな強そうな名前ね）

（エバンジェリスト＝伝道者。技術やカルチャーを広める活動をしている人のことよ）

長沢さんは、日本マイクロソフトやアトラシアンなど、数々の企業でDevOpsのエバンジェリストとして活躍されてきたのよ。

いまはフリーランスで、複数の企業の顧問として組織改革を支援したり、講演や執筆活動を通じてDevOps普及の活動をしています。

- **長沢智治さんのブログ**

URL https://nagasawa.blog/tomoharunagasawa

す、すごい！

Q2.DevOpsってなんですか？

ところで、DevOpsってなんですか？　最近よく聞く言葉ではあるのですが、いまいちピンと来なくて……。

私はいつも「ビジネスフォーカスのムーブメント」と説明しています。

ファー!?　ひじ鉄サーカスのムービー…ですと!?
（それって、格闘コメディの映画ですか!?）

ビジネスフォーカスのムーブメント!　顧客志向、サービス志向の組織運営手法ってイメージかしらね。

ますますわからなくなってきました。DevOpsって、技術やツールの名前じゃないんですか?

確かに、DevOpsの文化をうまく定着させるためには技術やツールの導入も大事です。自動化などの工夫も必要でしょう。しかし、DevOpsとは「特定の技術やツールや手法を導入して終了!」というものではないのです。あくまでムーブメント、言い換えれば文化なのです。

この辺りが、DevOpsをわかりにくくしている要因でもあるかもしれないわね。ただ、長沢さんのおっしゃる通り、DevOpsは技術でもツールでもないのよ。自動化すればよいというものでもない。

????　ますます頭が混乱してきました……。

「**Dev(開発)とOps(運用)を明確に分けないカルチャー**」とでも言いましょうか。

それが、ひじ鉄……じゃなかった、ビジネスフォーカスにどう関係するのでしょうか?

いい質問ですね。それにお答えするためには、これまでのビジネスとITの関係から説明する必要がありそうですね。

ビジネスとITの関係!?

Q3.ビジネスとITの関係とは?

遥子さん、このスライドをご覧ください。私がよく使っている図です。

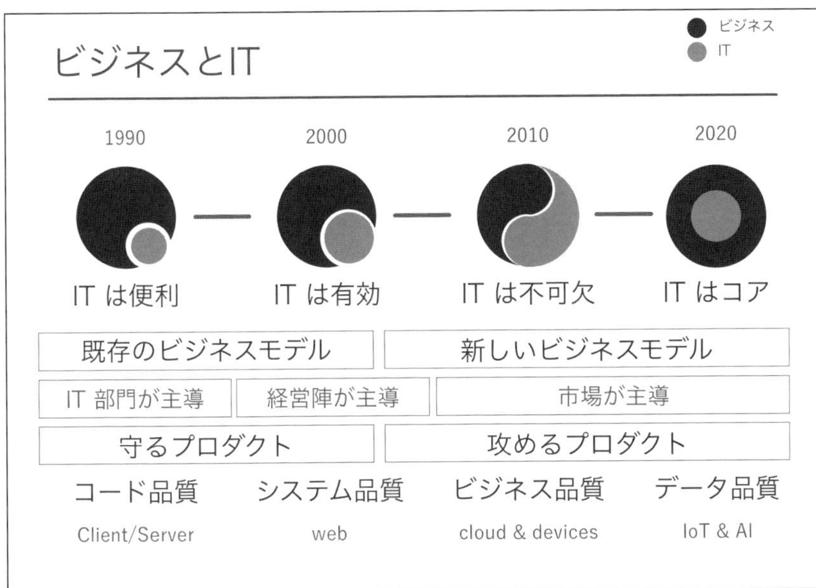

おおっ! わかりやすいです!

1990年代、ITは企業にとって便利なツールでしかありませんでした。2000年代もなお、有効なツールくらいの位置付けでしかなかった。

あくまで、既存のビジネスモデルを守り業務効率化を進める程度の立ち位置ね。

ところが2010年ごろから潮目が変わりつつあります。もはやITなしには新たなビジネスモデルは生み出せない。ITを駆使しないと、世界とどんどん差をつけられる。いわば、ITがビジネスのコアになってきたのです。

な、なるほど! 最近よく聞く、攻めのITってヤツですね!

クラウドサービスの台頭により、ハードウェアを設計/調達しなくてもスムーズに環境を立ててITサービスを提供できるようになった。Infrastructure as Codeのような概念も普及してきた。いよいよ、ITサービスを作る人、運用する人、使う人の垣根が低くなり、かつ垣根を越えていかないとビジネスそのものが成り立たない時代になりつつあるのです。

だから、DevOpsはカルチャーでありムーブメントなんですね!

DevOpsは、開発と運用がコラボレーションしてビジネス価値を生み出すために、たとえば、次のようなエッセンスも提示しているわね。まさにカルチャーなのよね。

- 非難のない環境
- 漸進的な改善
- 学習する組織
- 開発と運用の集合知

誤解しないでほしいのが、いままでの運用が決して悪いわけではないのです。あくまで自分たちのビジネスモデルにフィットしているかどうかがポイント。従来の運用と開発が分かれているやり方が、ビジネスモデルに適合しているのであれば続ければいい。無理して、DevOpsを選ぶ必要はないのです。

Q4.DevOpsで、私たちの運用現場の景色はどう変わるんですか?

かつてのビジネスモデルでは、プロダクトを作ってから運用する。この流れが主流でした。この場合は、開発と運用が分かれていたほうが都合がいい。しかし、これからのビジネスモデルではそうとは限りません。

ITサービスがコアになりつつある……。そして、競合他社は次々にサービスをブラッシュアップしてくる。継続的に新しいサービスをデプロイしていかないとマーケットから見放されるわよね。

開発と運用が壁を作っていたら、都合が良くないわね。……で、でもね。ウチ(当社)みたいな大企業の情報システム会社のように、開発チームと運用チームが分かれている体制の組織ではDevOpsってやりにくいんじゃないかしら……。

確かに、受託開発の形態ではDevOpsは受け入れられにくいかもしれませんね。

(ガーン!)

開発したモノに対して対価を支払って以上。そのモデルでは、ビジネスにフォーカスしにくいですよね。顧客(発注者)のビジネスに貢献した価値に対して対価が支払われるようなビジネスモデルでないとやりにくいでしょう。顧客の理解とチャレンジマインドも重要ですね。

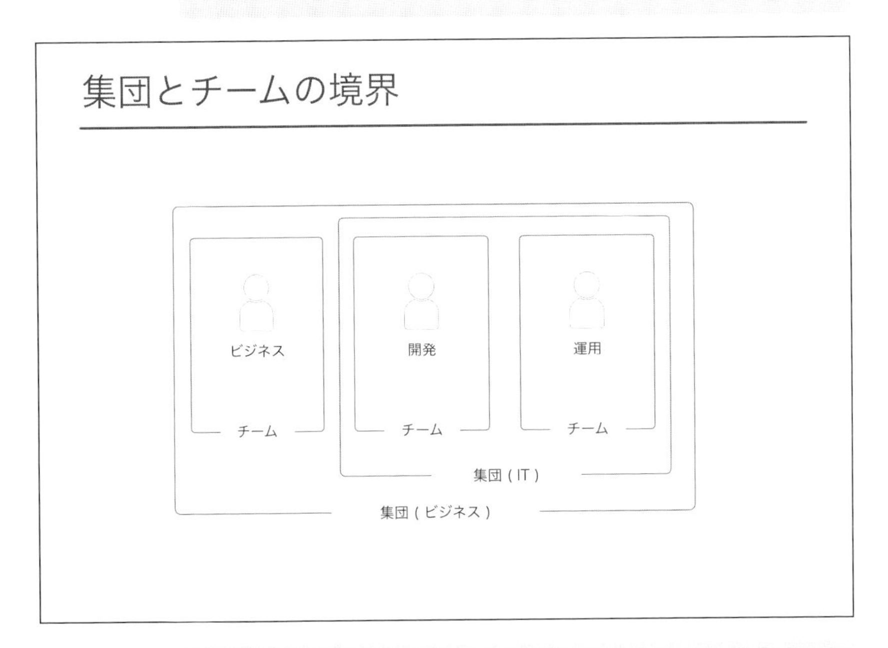

最近では、ソニックガーデン(※)さんのように、「納品のない受託開発」のような新たなビジネスモデルを展開するIT企業も出てきたわ。やはり、ビジネスモデルチェンジが大事なのよね。

※「納品のない受託開発」を掲げ、開発と運用の垣根のないITサービスを提供している会社。月額定額の顧問スタイルで、顧客のビジネスの成長にコミットする。全社員リモートワークなど、ワークスタイルもユニーク。本社は東京都目黒区。

Q5.受託開発型の現場で、DevOpsをやる余地はないんですか!?

では、私のような受託開発型の会社では、DevOpsは夢物語、絵に描いた餅なのでしょうか?
(諦めて故郷に帰れってことかなぁ……)

ぴんぐぅぅぅ……。

いやいや、諦めるのは早いです。受託開発型でも、DevOpsを始めている会社はあります。

えっ!?

社内システムで、DevOpsをやってみてはいかがでしょう?

社内システム!　私も日景エレクトロニクスの社内システム担当です。

社内システムには次のようなメリットがあります。

- 関係者を集めやすい
- エンドユーザとの距離が近く、反応が測りやすい
- 当事者意識を持ちやすい
- 失敗がしやすい

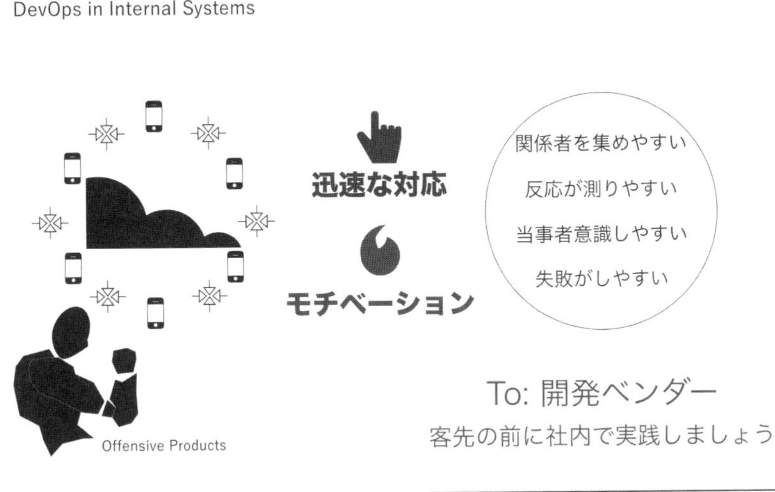

社内システムは絶好の実験場よね。改善にもチャレンジしやすく、改善の成果も見えやすい。あたしも、社内システムで新たな技術を試して成長した運用担当者をたくさん知っているわ。

問題は、DevOpsに取り組むきっかけをどう作るかね……。

まずは、ビジネス、開発、運用それぞれのゴール設定の見直しから始めてみてはいかがでしょう?

ゴール設定の見直し……ですか?

はい。特に大企業では、開発と運用が独自のゴールを持ってそれが相互にコンフリクトを起こしがちです。開発は新しいサービスをどんどんリリースしたい。一方で、運用はリリースを頻繁にしてほしくない。安定運用を優先させたいから。

あるあるね。

そこで考えてみてほしいのです。そもそもビジネスのゴールはなにか? それを支えるために、IT組織が目指す姿は?

ふむふむ。
(メモメモ)

そうすると、たとえばシステムをリリースするまでの「リードタイム」短縮だったり、「MTTR(※)」の向上だったり、開発/運用共有で目指す新たなゴールや課題が見えてくるはずです。

※Mean Time To Repair/Mean Time To Recoveryの略。平均復旧時間。システムに障害が発生してから、復旧するまでの平均時間。

DevOps | チームにするムーブメント

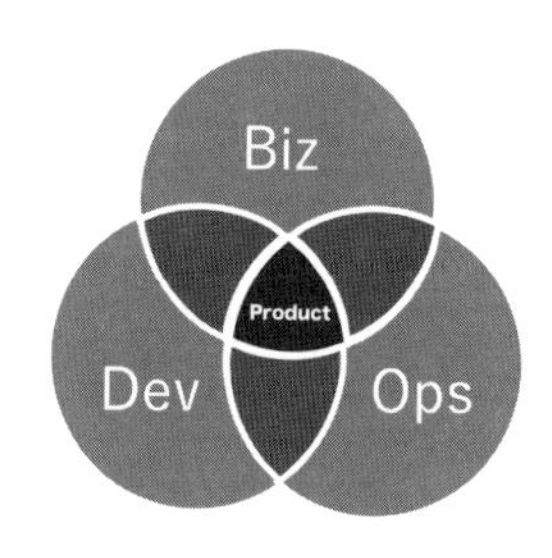

ビジネスのゴール
売り上げ | 利益 | MAU | 生産性

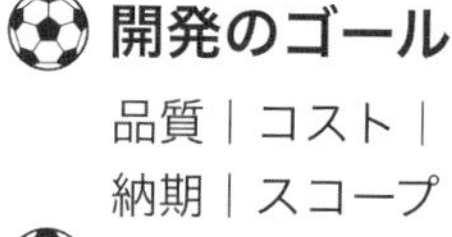

リードタイム
MTTR

逆の見方で、リードタイムやMTTRが問題になっている現場で、「DevOps始めてみましょう!」って言ってみるの、ありかもしれませんね!

開発と運用のゴールが一人歩きしていても、誰も幸せにならないわ。そんなことしていたら、社内でのIT組織の価値も下がるし。

その通りです!

Q6.DevOpsを始めるために、まずなにをしたらいいですか?

そうですね。大きく次の2つですね。

- 現状把握
- 開発と運用の相互理解の促進

現状把握?

私は、VSM(※)を使って、現状のプロセスや判断を明確にし、ムリ・ムダ・ムラを洗い出すことが多いですね。

※Value Stream Mapping(バリュー・ストリーム・マッピング)の略。開発、生産、物流などの工程の現状を把握し、理想像を明確にするために作成されるプロセス図/フロー図。「モノと情報の流れ図」と説明されることも。

そうすると、「開発と運用で、インシデントをバラバラに管理している!」「承認者が多すぎる!」など、さまざまなムダが見えてくる。

開発メンバーと運用メンバーの相互理解も大事です。

あまり開発の人と会話したことないかも……。

もったいないですね。開発と運用、お互いが持っている経験やノウハウを開示し合うだけでも、相互リスペクトが生まれたり、コラボレーションしやすい風土に変わってきます。強い組織は、「個人の暗黙知」と「組織の集合知」のいずれも大切にしています。相互理解は、いわば屋台骨です。

QA担当者、サービスデスク/ヘルプデスクの知見も宝。軽んじることなく、組織知に育てていきたいわね。

素敵! 私もっとDevOpsを勉強したいです。オススメの書籍はありますか?

「Effective DevOps」(Jennifer Davis、Ryn Daniels著、吉羽 龍太郎監訳、長尾 高弘訳、オライリー・ジャパン刊)と「The DevOps 逆転だ!」(ジーン・キム、ケビン・ベア、ジョージ・スパッフォード著、榊原彰監修、長尾 高弘訳、日経BP社刊)はオススメですよ。

さっそく本屋さんに寄って買ってみます!

長沢さんの講義は、「動画で学べるSchoo」で聴くことができるから参考にしてみるといいわよ。

- **長沢 智治先生の授業・プロフィール - Schoo(スクー)**

URL https://schoo.jp/teacher/1709

Q7.最後に、読者の皆さんへのメッセージをお願いします!

最後に、読者の皆さんにメッセージをお願いします。

はい。「自己肯定感」を大切にしてください。自分たちが世の中に提供しているバリューを把握していない人が多い。

わかる。運用にしても、開発にしても、ビジネスの価値や業務の価値向上のために生かせる経験があるのに、それに気付いてすらいない。本当にもったいないわ。

わ、私もそうかも……。

自分の価値に気付く、自己肯定感を持つ。DevOpsをそのきっかけにしてほしいですね。これからますますITはコアになる時代ですから、IT人材のバリューを最大化していきましょう!

やる気いただきました。長沢さん、ありがとうございました!

ずっと社内にこもっていたら
自分の価値って
見えてこないもの
無理も
ないわ
「自己肯定感」か……
いままで考えたこと
なかったかも
自分の価値、ね…
人よりも
マシン
機器優先
私の価値って
なんだ？
価値
価値
かち
カチ
…

ぬあぁぁあッ
せっかく遥子の
モチベーションが
上がりかけたのにっ
そもそも私って
価値あるのかしら…!?

EXPLANATION

クラウド時代だからこそ光る、運用経験&運用センス

「運用の自動化」
「サービス型(クラウド)シフト」
「請負型SIの限界」

これらのキーワードが日々、IT業界を賑わしています。ともすれば、運用の仕事はなくなってしまうのではないか？　オンプレミス&ウォーターフォール型での運用経験はまるで役立たないのではないか？　そのような不安を抱えている人も少なくないでしょう。

木檜和明さんも、長沢智治さんもおっしゃっている通り、従来のオンプレミス&ウォーターフォール型の運用経験は、環境が変わっても間違いなく役に立ちます。

次の図を見てください。筆者がカンファレンスや講演でたびたびお見せしている、システム開発の「いま」と「これから」を比較した図です。

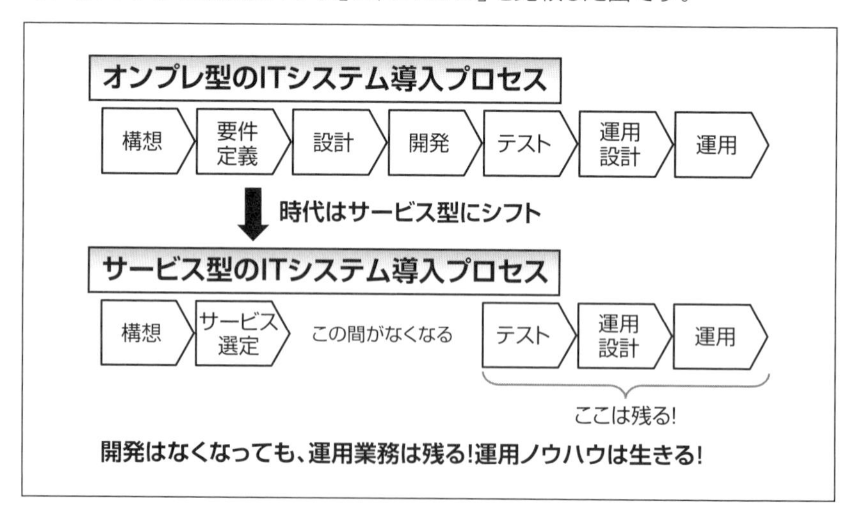

この図の上の部分はいわゆるオンプレミス&ウォーターフォール型でのシステム導入プロセス、下の部分はクラウドをはじめとするサービス型のシステム導入プロセスです。

この図からわかるように、設計工程、開発工程、すなわちものづくり工程は今後、縮小傾向にあるかもしれません。しかし、運用は間違いなく残ります。

- 異なるサービスをどう連携させるか?
- そのためにどんなAPIが必要か?
- なにを監視したらよいか?
- 自社の仕組みやデータと組み合わせてどうITサービスとして価値を提供するか?
- どのレベルの可用性が必要か?どう高めていくか?
- ユーザのリテラシーレベルに合わせて、どのようなユーザサポートを設計して提供するか?
- 事業の変化に合わせて、リソースやキャパシティをどのタイミングでどのように拡張/縮小するか?

このようなサービスのアーキテクトや運用設計は、オンプレミス型であってもサービス型であっても求められます。むしろ、運用者の経験や知見が生きる領域ともいえるでしょう。

ただし、外を知らない「井の中の蛙」の運用者であっては、残念ながら変化に対応できないかもしれません。

- インターネットや書籍などを通じ、常にトレンドをキャッチアップする
- 社内外の勉強会やカンファレンスでノウハウをインプット/アウトプットする

自身のノウハウを形式知化・体系化しつつ、外の風に当てる。それにより、自分のやっていることが「イケているのか、そうでないのか?」価値を確認し続けてください。

CHAPTER 5

日々の成長～ITサービスマネジメント

Incident 11 適切なコストと労力で、ITサービスを提供し続けるには?

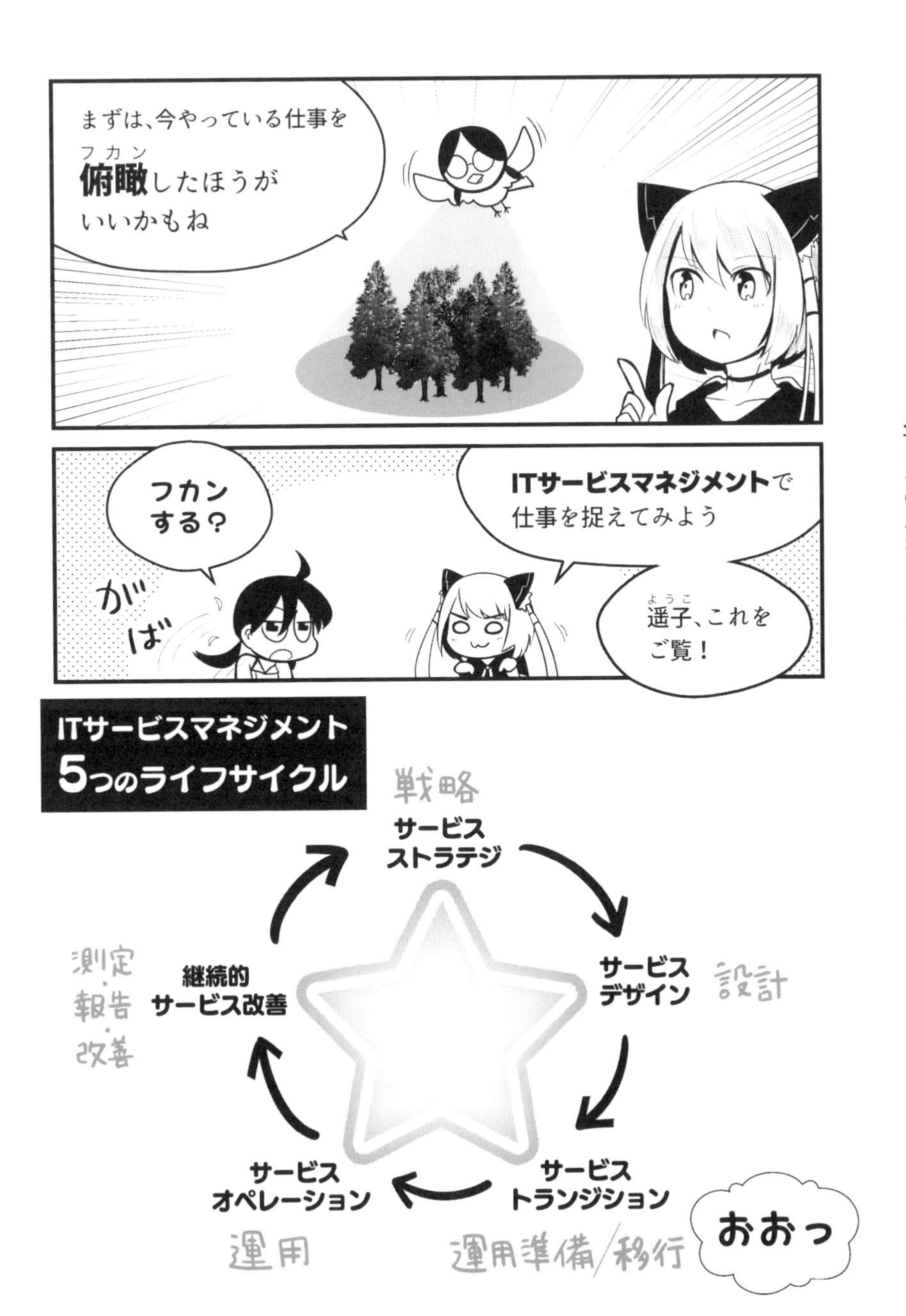
まずは、今やっている仕事を
俯瞰（フカン）したほうが
いいかもね
ITサービスマネジメントで
仕事を捉えてみよう
フカンする？
がば
遥子（ようこ）、これを
ご覧！
ITサービスマネジメント
5つのライフサイクル
戦略
サービスストラテジ
サービスデザイン
設計
サービストランジション
運用準備／移行
サービスオペレーション
運用
継続的サービス改善
測定・報告・改善
おおっ

ITサービスマネジメントってなに?

そもそも、ITサービスマネジメントってなに?
(また、新しい言葉が出てきたぞ……)

顧客のビジネスニーズに合った、適切なITサービスを提供し続けるためのマネジメント活動のことをITサービスマネジメントというわ。代表的なフレームワークとしては、**ITIL**(※)が有名ね。

※Information Technology Infrastructure Libraryの略。通称「アイティル」。1980年代後半に、英国政府によりまとめられたITサービスマネジメントの好事例集(書籍群)。バージョンアップを重ね、IT運用管理のデファクトスタンダード(事実上の標準)として世界中の企業・官公庁・公共機関で用いられている。

???(ぽかーん)

わかりやすくいえば、ITシステムを使ったサービスを、「適切なコストで」「適切な労力で」「ビジネス活動を円滑に行うための、適切な品質で」提供するためのやり方ってところかしら。

あ、その説明でピンときたかも! 私が毎日やっている、認証基盤システムのプロセス監視やログ監視も、日景エレクトロニクスの社員や協力会社の人が、ITシステムを使って業務がきちんとできるようにやっているのよね。

そういうこと! でも、たとえば監視対象が多すぎて、運用担当者が毎日深夜残業しなければならなかったり、休めなかったりしたらどう?

い、イヤすぎます! オペミス(オペレーションミス)も多発しそうだし……。

でしょ。そうならないように、「適切なコストで」「適切な労力で」ITサービスを回せるようにするためのマネジメントが必要なわけ。

納得!

ITサービスマネジメントの5つのサイクル

で、ITサービスマネジメントって具体的になにをするの?

そうね。ITIL V3で定義している、5つのライフサイクルがわかりやすいわ。ITサービスマネジメントは、この5つのライフサイクルで成り立っているの。(リリっす!)

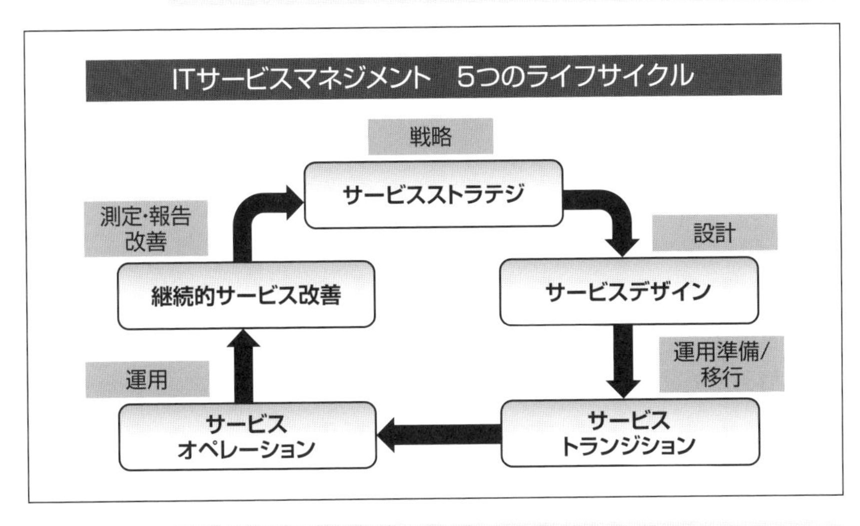

なんか、また横文字がたくさん出てきたぞ……。

英国生まれだから、そういうものだと割り切って! (あたしは宇宙生まれだけれど)。遥子の国の言葉に置きかえるなら、**戦略⇒設計⇒運用準備/移行⇒運用⇒測定・報告・改善**ってところかしら。

それなら、わかりそう!

そして、遥子もこのライフサイクルの中で価値を発揮しているのよ!

な、なんですと!?

「サービスストラテジ」(戦略)とは

まずはサービスストラテジ。どんなに立派な運用部隊でも、ビジネス戦略やゴールと整合したサービスを提供しないと意味がないわよね。かつ、需要に見合った予算を確保し、適切な運用体制や投資計画を作って運営しないと、「やり漏れ」「やり過ぎ」が起こってしまう。

確かに!

そうならないように、サービスストラテジでは次のプロセスを推奨しているわ。

- サービスストラテジの主なプロセスと機能
  - 戦略策定
  - サービスポートフォリオ管理
  - 需要管理
  - 財務管理

「サービスデザイン」(設計)とは

戦略の次は設計。

んんん???

そうね。たとえば、新たにハンバーガーショップを立ち上げたい人がいるとする。でもって、遥子が店長を任されたとしましょう。

うふふ。チーズバーガー、美味しいよね♪

(うっとりしなくてよろしい!)
コホン。で、お店をオープンするためにどうする?

ええっ!?　そうね、メニューを考えなきゃよね。チーズバーガー以外にも、ポテトとかも提供したいな。

それだけ?　テイクアウトOKにする?　しない?　あとデリバリーは?

あ、そういうのも考えなきゃよね。あと営業時間も考えないと。デリバリーをするとなると、注文を受けてからお届けするまでの目安の時間も考えないとだわ。ああ、店長1人じゃできない。アルバイトを採用しないと!

そういうこと。ITの運用サービスも、運用項目を決めたり、監視項目を決めたり、サービスレベルを決めたりするよね。これら、運用サービスをデザインする活動をサービスデザインって呼ぶの。

- サービスデザインの主なプロセス
  - サービスカタログ管理
  - サービスレベル管理
  - 可用性管理
  - キャパシティ管理
  - サービス継続性管理
  - 情報セキュリティ管理
  - サプライヤ管理

でも、どんなメニューを提供するかってよく考えないとだよね。お店のコンセプトや雰囲気に合っていない商品は提供したくないなぁ。

そう!　だから、サービスストラテジ、すなわちビジネス戦略との整合性を確認するのが大事なの。

「サービストランジション」(運用準備/移行)とは

メニューやサービスが決まったら、さっそく開店に向けた準備をしないとね。

その通り! 必要な調理器具や清掃用具をそろえたり、テイクアウト用の包装紙や紙袋を準備したり、POSレジを設定したり。お店のスタッフの教育もはずせないわね。

あとは、お店や商品を知ってもらうWebサイトや、POP、のぼり、チラシも必要ね。開店記念キャンペーンもやりたいな。ああ、なんだかやることが多すぎて、絶対、抜け漏れさせちゃいそうだよ~(泣)。

そうならないように、サービストランジションってライフサイクルがあるの。新しいサービス運用準備や、既存サービスやデータの移行。すなわちトランジションに必要なプロセスが定義されているわ。

- サービストランジションの主なプロセス
  - 構成管理(サービス資産管理)
  - 変更管理
  - ナレッジ管理
  - リリース管理

お店の新規開店時だけではなくて、メニューの追加や廃止、営業時間を変更をするときなどにもサービストランジションのプロセスは役に立つわよ。

「サービスオペレーション」(運用)とは

そして、ついに遥子のお店オープン!(リリっす!)

ふぃ〜。お疲れ様でした!

お疲れ……って、なに言ってるの! リリースしてからが本番じゃないの!
(あんた、いつから開発担当になったの)

ひぃぃぃ。そうでした!

事前に決めたメニューやサービスを、当たり前に提供するのはもちろん、クレームやトラブルにも対応しなければならないわよ。

ハンバーガーショップだと、いろいろなトラブルがありそうよね。頼んだ品が出てこないとか、品切れしちゃいましたとか、酔ったお客さんが来て騒いでいますとか、トイレが詰まりましたとか……。あと、台風が近づいているけれど、お店開けて大丈夫かしらとか。

当たり前のサービスを、当たり前に提供できるようにするための管理。それをサービスオペレーションというの。

- サービスオペレーションの主なプロセスと機能
  - ○要求実現
  - ○インシデント管理
  - ○問題管理
  - ○イベント管理
  - ○アクセス管理
  - ○サービスデスク

「継続的サービス改善」(測定・報告・改善)とは

最後は、継続的サービス改善。サービスの価値を上げていくために欠かせないプロセスよ!(れびゅん!)

わおっ!

ハンバーガーショップを運営する場合でも、時間帯別の来店数や、来店客の購入動向、商品別の販売数、ロスの数、お客さんの滞在時間、お待たせした時間、クレームや問い合わせの数、トラブルの発生状況や解決状況、スタッフの残業時間……など、「お店が健全に運営できているか?」「改善余地がないか?」など、測定対象を定義して、測定して、報告/共有して、改善するよね。

- 継続的サービス改善の主なプロセスと機能
  - 7ステップの改善
  - サービス測定
  - サービス報告
  - 文書化

そうしないと、お店の価値が上がらない!

「定義できないものは、管理できない。管理できないものは、測定できない。測定できないものは、改善できない」。これは、W・エドワーズ・デミング博士の言葉よ。

デミグラス博士?

デミング博士! プドゥキャ…じゃなかった……PDCAサイクルの生みの親といわれているわ。

なるほど。定義、測定、改善の流れ、意識します! 価値のあるサービスを提供できる組織にならなくちゃだわ!

この5つのサービスライフサイクルの中で、自分の仕事がどこにあって、どうサービスに貢献しているか? 自分の現在位置を意識するだけでも、運用者としての成長に差が出てくると思う。

うん。なんかいつもの仕事の見え方が変わってくる気がした!

遥子も、ゆくゆくは運用全体を見据えてマネジメントする、ITサービスマネージャを目指してほしいわね。

ITサービスマネージャ!?

ITサービスマネジメントについては、『新人ガール ITIL使って業務プロセス改善します!』(沢渡 あまね著、シーアンドアール研究所刊)も参考になるわ。

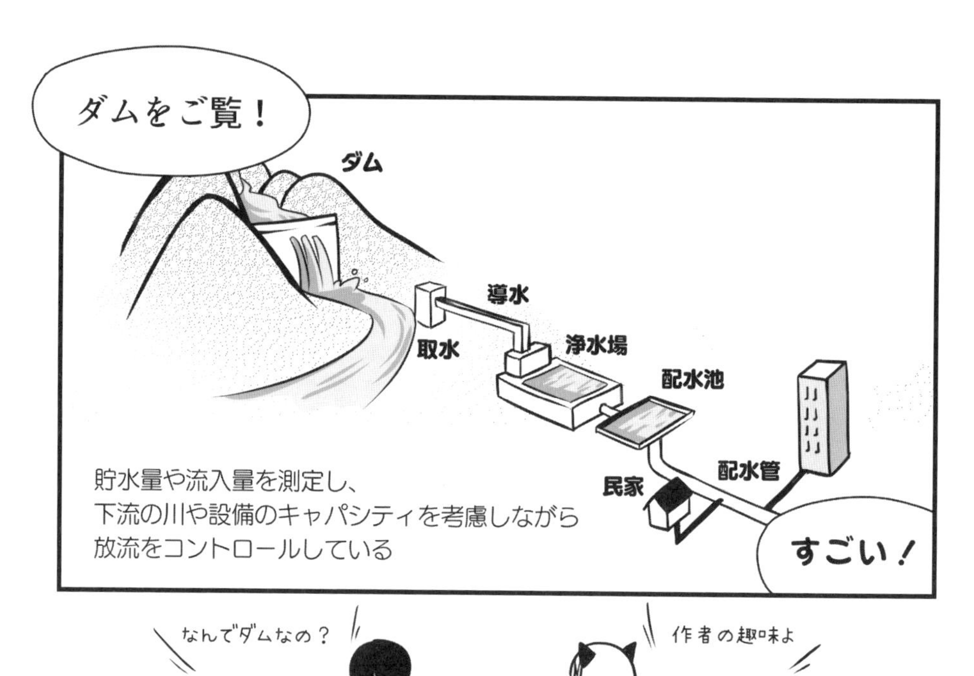
ダムをご覧！
ダム
導水
取水
浄水場
配水池
配水管
民家
貯水量や流入量を測定し、
下流の川や設備のキャパシティを考慮しながら
放流をコントロールしている
すごい！
なんでダムなの？
作者の趣味よ

そこには、運用管理者の
見えない努力と
改善がある
だから、住民たちは
あたり前の生活を
あたり前に送ることが
できるのね
あたしたち
システム運用者も
価値を高めていかないとね…
チカ
チカ
ん？

WARNING!
WARNING!

重大インシデント発生！
袋井事業所の
全社員が認証不能
なんですとぐ⁉

これがITサービスマネージャの仕事だ!

ITサービスマネージャってどんなことをする人?

「ITサービスマネージャ」ってどんなことをする人なの?
(なんとなく社内で見かけてはいたけれど)

前節で学んだ、ITサービスマネジメントを中心となって回す人よ。

ファっ!?

そうね。平たく言うと、ITサービスのQCD(※)に責任を持つ人。そのためのマネジメントの仕組みを作って運営する人ってところかしら。

※Quality(品質)、C:Cost(コスト)、D:Delivery(提供)の頭文字をとった略称。製造業のマネジメントでも使われる概念。

なるほど、なるほど。
(メモメモ)

ITサービスマネジメントには、「4つのP」って考え方があるわ。人(People)、プロセス(Process)、製品や技術(Product)、パートナー(Partner)。この4つを整備して使いこなして、価値あるサービスを守って作っていく。それがITサービスマネージャの役割よ。

ううむ。そうなると、業務やITサービスを俯瞰できないといけないわね。

そういうこと!(リリっす!)

ITサービスマネージャに求められるスキルやマインドって?

た、大変そう。でも、すごく勉強になりそうだし、成長できそうな職種ね。

ぷるりくっ!?　遥子も、目指したくなった?

で、ITサービスマネージャにはどんなスキルやマインドが求められるのかしら?

よくぞ聞いてくれた!　現役のITサービスマネージャに声を聞いてみたわ。

- ITサービスマネージャに求められるスキル/マインド
  - 事業とITサービスに対する理解力。結果に対する責任感
  - 他部門や他社との調整・交渉・コミュニケーションスキル
  - 技術やトレンドに対するアンテナと知識
  - マルチサービスプロバイダの管理
  - メンバーへのビジョニング/モチベート
  - 改善し続ける意思と力
  - 運用業務の価値を説明できる/発信できる力

すごい!　これが全部できたら、人間として成長しそうね。お客さん、他部署や他チームの人、上司、部下、パートナーさん皆から信頼される!

そうよ、ITサービスマネージャは、エンジニアとして、マネージャとして、そしてビジネスパーソンとして、人として成長できる素晴らしい職種なのよ!

妖精に言われたけど、説得力ありますっ!

EXPLANATION

価値あるITサービスマネージャになるための5つの要素

AI(人工知能)の活用、機械学習、そして運用の自動化。私たちシステム運用者を取り巻く環境もいま大きく変わろうとしています。

Google社は「SRE(Site Reliability Engineer。サイト信頼性エンジニア)」を打ち出し、Webサイトの可用性向上のための運用自動化に取り組んでいます。システム運用のみならず、経理・人事・総務などいわゆるバックオフィス業務を自動化するロボットやツールも出始めています。

このような時代の潮流の中で、より価値の高いITサービスマネージャとして活躍するためにはどうしたらよいのでしょうか?　あるいは、私たち運用の仕事はすべて自動化されてしまうのでしょうか?

AIやロボットをどう味方につけるか。自動化とどう向き合うか。立ち止まって考えてみましょう。

筆者は、これからのITサービスマネージャには次の5つのヒューマンスキルが求められると考えます。

● わかりやすく伝える力

システムのことがわからないユーザに、ものごとをわかりやすく伝える力。PM・開発・営業など、運用業務に馴染みのない人たちに、運用観点を持ってもらう力。

● フレームワーク応用力

ITIL、PMBOKなど私たちが日々、当たり前のように使っているフレームワークを応用して自分たちの問題、ユーザの問題を整理して解決する力。自動化するものと、そうでないものを見極めて業務を再構築する力。

● ナレッジ管理力

運用業務を通じて得た経験や体験を、組織の知識に変える力。

● 関係構築力

ユーザ、PM・開発・営業などの関係者との接点を強化し、コミュニケーションする力。巻き込み力。

● 提言力

ユーザのビジネス価値向上・業務品質の向上に向けた提案をする力。ソリューション選定工程、要件定義工程、開発工程などいわゆる「上流」に食い込む力。

順に詳しく見ていきましょう。

わかりやすく伝える力

「なにが問題で、解決すべき課題はなにか?」
「つまり、それはどういうことなのか?」
「自分の仕事の価値はなにか?」

相手にとってわかりやすい言葉で噛み砕き、相手の景色でものごとを説明できるというスキル(=わかりやすく伝える力)は、さまざまな局面で求められるようになってきました。

「え。私、エンジニアとしか仕事していません。専門用語でわかり合えれば十分でしょ…」
「普段、システム監視してインシデント対応しているだけ。説明なんて必要ない」
「技術がわからないヤツらなんて、ほっとけば?」

それでは、いつまでたっても運用以外の人たちとわかり合うことはできません。問題も解決しません。

「運用ってなんで必要なの?」
「そもそも、システム運用するってどんな価値があるの?」

さらには次のことを私たちはわかりやすく説明できる必要があります。

「私たち運用者ってどんなことをしているの?」

わかりやすく伝える。そのために、3つのチカラを鍛えましょう。その3つとは、図解力、比喩力、ストーリー力です。

▶図解力

ものごとや事象を図で示す。図は相手との観点の相違点や、抜け漏れを見つけるために最もシンプルかつ強力なツールです。

プロセス図、マトリクス、パレート図、比較表、ピラミッド構造図、円の重なり合い…場面に応じて使える図はたくさんあります。

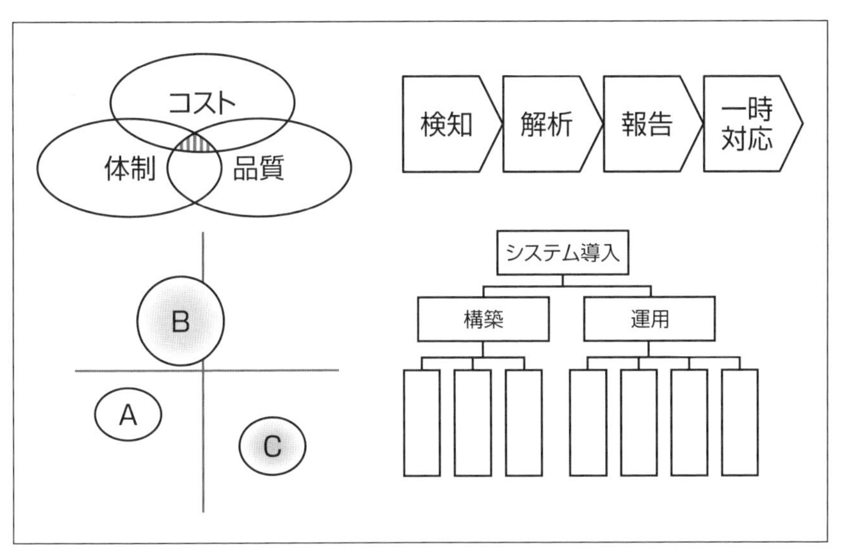

いつもの会議や打ち合わせ、図を使ってまとめてみる。あるいは自分の理解を図で示してみましょう。図解は習慣です。日ごろ使っていれば、間違いなく自分のスキルになります。

▶比喩力

「これって、日常生活にたとえるとどう説明できるだろう?」
「相手の業務の言葉で説明したら、どうなる?」

比喩力とは、たとえて説明する力です。これも、ユーザとの円滑な意思疎通に重要です。

私たちは、ともすれば、エンジニアによるエンジニアのためのエンジニア用語で説明しがちです。相手は相手でわかったつもりで流してしまう(あるいは面倒くさくて聞き流してしまう)。これが後々、問題に。

「よくわからない」→「任せた(丸投げ)」→「え、聞いていない!?」→炎上

こんなスパイラルに陥っていませんか?

▶ストーリー力

「なぜ、運用が必要なんだろう?」
「運用がないと、どんなことになるの?」

ストーリーで説明できたら最強です。得意な人は、マンガやイラストで説明してみるのもよいでしょう。本書も、一般の人たち(システムを利用するユーザ)や営業や開発担当者に馴染みのない運用業務を、マンガを使って解説しています。

無理に難解な言葉で説明しようとせず、「一目瞭然」を目指す。これは大きな価値です。プロ相手に、難しいことを難しい言葉で説明する。これは誰でもできます。

矢継ぎ早に専門用語で一方的に説明しただけ。これでは説明責任を果たしたとはいえません。相手にわかってもらえるかどうかが勝負です。素人相手に、難しいことをわかりやすく説明できるITサービスマネージャや運用エンジニアは、間違いなく価値が高く、生き続けることができるでしょう。

フレームワーク応用力

フレームワークとは、ものごとを整理する上での、あるいは複数のメンバーで仕事を進める上での共通の枠組みです。

たとえば、課題対策の検討会で、メンバー各自、思い付きで意見や提言をしていただけでは、どうしても抜け漏れや穴が生じます。たとえば、定常業務で、人によってバラバラの切り口や観点で業務を進めていては、やはり「ムリ」「ムダ」が生まれがち。属人化も進みます。

共通の枠組み、すなわちフレームワークに当てはめるだけで、観点の偏りや抜け漏れを防ぐ効果があります。一般的に用いられるフレームワークを紹介しましょう。

フレームワーク	説明
3C	Customer(市場)、Company(自社)、Competitor(競合他社)の頭文字をとったもの。企業の製品やサービスの戦略、競合戦略を考えるときは、3Cに当てはめて考えるとよい
4P	マーケティングの基本フレームワーク。Product(製品・商品)、Price(価格)、Promotion(販売促進/マーケティングコミュニケーション)、Place(流通)の頭文字
SWOT	Strength(強み)、Weakness(弱み)、Opportunity(機会)、Threat(脅威)の頭文字を組み合わせたもの。組織や製品・サービスの現状分析に役立つ

フレームワークは先人の知恵の塊。ひとまず、フレームワークにものごとを当てはめて考えてみるだけで、抜け漏れやメンバー間の意識違いを防ぐ効果があります。

▶私たちシステム管理者は多くのフレームワークを使って仕事をしている!

実は、私たちシステム管理者はすでに多くのフレームワークを駆使して仕事をしています。

たとえば、PMBOKは言わずと知れた、プロジェクトマネジメントのフレームワークです。運用管理者、担当者であってもなんらかシステム開発に関わったことがあるでしょう。構想からリリースまで。さらにはその後の振り返りと、プロジェクトの終結まで。システム開発のライフサイクルにおいてすべきことを網羅的に学ぶことができます。

ITILはITサービスマネジメントのフレームワークです。運用職種の人であれば、知らない人はいない業界のデファクトスタンダード(事実上の標準)です(残念ながら開発や営業の認知度はまだまだ低いですが)。すでにITILベースで運用管理体制を組んで、日々の運用業務を回している人も少なくないでしょう。

私たちの当たり前は、すでにフレームワークで成り立っていて、フレームワークの中で回っています。そして、プロジェクトマネジメントもITサービスマネジメントも、なにもシステム開発やシステム運用管理のためだけにあるものではありません。非IT部門の業務課題や、サービス品質向上に役立つ汎用的な道具なのです。

▶運用管理のフレームワークを使いこなす

さらに深堀りしましょう。私たち運用管理者が使いこなしているフレームワークにはどのようなものがあるでしょうか? 3つ例を示します。

- **インシデント管理・問題管理**
- **変更管理**
- **リリース管理**

これら3つは、システム運用の生命線といっても過言ではないでしょう。当たり前のシステムを、ユーザが当たり前のように使えるように維持する。機能追加や構成要素の変更をトラブルなく行うために管理。しっかりとしたプロセスと手順を整えて、淡々と実行する。その設計スキルと実行スキル、および勘所はたとえオンプレミス型のシステムが消滅してクラウドに移行しようとも欠かせない宝です。

ところが……開発メンバーは意外とできていない! 運用フェーズのみならず、システムの開発フェーズでも上記3つの管理は大事です。

- **開発時に発生したインシデントを管理して、開発フェーズで解決する/運用に引き継ぐ**
- **リリース時に発覚したインシデントを把握管理し、問題管理に移行して、次回リリースの品質向上につなげる**

こういった有機的な取り組みが、システムの開発品質と運用品質の維持向上に欠かせない……はずなのですが、まったく管理できていません!

「『インシデント管理』ですか?　きちんとやっていますよ!」

開発の責任者はこのように主張しますが、実態はそれらしき課題管理簿が1枚あるだけということがままあります。

- **課題管理簿に記録しただけでおしまい**
- **開発メンバーだけで共有しておしまい(運用メンバーに申し送りされないことも……)**

開発フェーズの、その場限りの情報共有くらいにしか使われておらず、当然、運用メンバーにも引き継がれません。そして、リリース間際になって、いつもあたふたしてしまいます。迷惑をこうむるのは私たち運用の現場、そしてユーザです!

記録はあくまで、インシデント管理／問題管理プロセスの一部にすぎません。インシデントを分類して、初動を判断・実行して、エスカレーションして、根本原因分析して、対応検討して、変更の影響を調査して……このような一連の有機的なアクションにつなげてこそ意味があります。また、インシデントの発生状況や傾向、クローズ状況などの測定と報告も欠かせません。

ただ書き出しただけの課題リストになんの意味があるでしょう?　開発メンバーだけで閉じたインシデント情報、問題情報にどんな価値があるでしょう?

開発フェーズで起こったインシデントであっても、ITサービスマネジメントのフレームワークでしっかり管理し、変更管理、リリース管理、構成管理などのほかのプロセスと有機的に連携させることで、開発も運用もプロアクティブな仕事ができ、かつより良い品質のシステムを生むことができるのです。

そして、その流れをプロセスとして設計できるのはほかならぬシステム管理者の強みです。

ナレッジ管理力

フレームワークに沿って業務を設計しておけば、ナレッジはたまりやすくなります。ただなんとなく個人の思い付きやセンスで課題や問題を洗い出していても、それは組織の問題になりにくく知見もたまりにくいです。

一方、インシデント管理、問題管理、リリース管理などの標準フレームワークに沿って管理していれば、そこに乗っかってくる情報やノウハウは蓄積、分析、比較しやすくなります。

- **インシデントの発生傾向やクローズ率**
- **重大な問題に関する知見**
- **リリース品質、リリースのプロセスにおける運用者のノウハウ**

ナレッジ管理というと、わざわざナレッジ管理のためのデータベースを作って、わざわざそこにノウハウを登録させて、わざわざ閲覧させる……ような大げさな取り組みを想像しがちです(そして、なかなか定着しない)。

それよりも、日々の運用をフレームワークに沿ってしっかり設計し、自然の流れでナレッジがたまるようにするほうが効果的でしょう。

フレームワークは、組織のナレッジ蓄積と流通を促進する屋台骨でもあるのです。

関係構築力

どんな仕事も自分ひとりでは成り立ちません。また、当たり前ですが運用部隊単独では仕事は回りません。顧客、ユーザ、開発、保守ベンダなど、さまざまな人との関係者と協力して、やり甲斐のある価値ある仕事は実現できます。

「自分たちは、誰にどんな価値を提供しているのか?」
「誰の協力を得られたらもっと良い価値を提供できるか?」

この飽くなき自問自答とトライ&エラーこそが、私たちITサービスマネージャそして運用業務のプレゼンス向上と価値向上に欠かせません。しかしながら、悲しいかな、現場を見ていると、次のようなITサービスマネージャ、運用担当者も少なくありません。

- 言われたことだけを淡々とこなすだけ
- なるべく他人と関わろうとしない
- 外に出ようとしない
- 裏で仕事の不平不満を言っているだけ

こんなこのようなマインドで仕事をしていると、どうなるでしょうか?

「運用……って、なにやっているんだっけ?」
「あれ、君たちいたんだ」
「4人も人いらないよね。3人に減らしてよ」
「運用なんてコストでしかないでしょ」
「とりあえず運用でカバーして。あとはよろしく!(丸投げ「どさっ」)」

顧客に、営業に、PMに忘れられている、邪険に扱われる、コスト扱いされる。この由々しき景色、いつまでたっても変わりません。
そもそも、システム運用管理の仕事はただでさえ見えにくいお仕事です。

「誰かが気付いてくれるだろう」
「誰かが私たちの価値を発掘して育ててくれるだろう」

そんな淡い期待は捨てましょう。受け身であっては、いつまでたっても私たち運用部隊の認知も地位も向上しません。
自ら積極的に関係者との接点を見つけて、関係構築をする。価値を発信する。そのような関係構築力が、これからのITサービスマネージャにはますます求められます。
では、私たちはどんな人たちとの関係で成り立っているのでしょうか?　登場人物を想定してみましょう。

▶システム管理者・運用者を取り巻く人たち

大きく【外の人】と【中の人】に分けて考えて見ましょう。あなたが直接、関与している人、間接的にしか関与しない人、遠くの人含めてまずは洗い出してみる。関係構築の第一歩です。

- 【外の人】
  - 顧客(社外のお客さん。システムを利用するユーザ部門であったり、情報システム部門であったり。あなたの立ち位置によって異なるでしょう)
  - エンドユーザ(実際にシステムを使う利用者)
  - 客先の運用管理者
  - 保守ベンダ(ハードウェア、ソフトウェア(ライセンス)、ミドルウェア、データベース、クラウドサービスの保守を担当する外部ベンダの人たち)

- 【中の人:運用以外】
  - 営業
  - プロジェクトマネージャ
  - 開発責任者/担当者
  - プログラマ
  - PMO

- 【中の人:運用部隊】
  - ITサービスマネージャ/運用管理者
  - ヘルプデスク/サービスデスク
  - 業務運用担当者
  - システム運用担当者

こうしてみて見ると、システム運用・管理業務はいかに多くの人と関係して成り立っているかよくわかります。

▶仕事地図を描いてみよう

次に、あなたの仕事地図を描いてみましょう(私が企業の依頼を受けて、中堅社員のワークショップを行う際によくやるワークです)。

あなたのいまのお仕事が、さらには少し先の未来の仕事がどんな関係者と成り立っているのか？　さらには誰にどんな価値を提供しているか／しうるか?を見える化します。

用意するのはA3の白紙とペン1本です。横書きでも、縦書きでも構いません。「自分」のアイコン(丸の絵で結構)を白紙の中心に描いてください。次に、その周りに直接の関係者のアイコンを描きます。

たとえば、あなたが企業内の業務アプリケーション(例：人事システム)の業務運用担当者なら、「ITサービスマネージャ」「ヘルプデスク」「システム運用担当者」などが直接、仕事をする関係者になるかもしれませんね。それぞれの関係者をあなたと矢印でつなげて、どんな価値を出しているか、どんな情報や指示をもらっているかを描き出します。

次に、間接的な関係者を描き出しましょう。「営業」「開発」「顧客」「エンドユーザ」など、直接、やり取りしない相手を洗い出してみてください。ここからは想像力の世界です。普段は接することのない人たちにどのような価値を出しているのだろうか？　あるいは将来出しうるか？

さて、あなたは説明できますか？　この自問自答こそが、私たちが明日を生きるシステム管理者・運用者に進化できるかどうかの第一歩です。

▶さあ、これからどうやって価値を出していこうか?

白紙に関係者を書き出してみるだけで、日ごろ見えない関係者に思いを馳せるだけで見えないものが見えてきます。

「実は自分の仕事って、エンドユーザにこんな価値を出せるのではないか?」
「営業にこういう情報を与えてあげたら、もっと運用が高く売れるのではないか?」

毎日、監視画面のコンソールを眺めてアラートを検知し、インシデントを起票して対応しているだけでは新たな世界は見えません。少し景色を変えてみるだけで、想像力を働かせるだけで、いつもの仕事の意味付けが変わってきます。

あなたもぜひ、仕事地図を描いてみてください。運用メンバー同士、わいわいがやがや議論してみてください。

関係者の【外の人】として定義すべき、大事な人たちの存在を忘れていました。

○学生・インターン生

未来の私たちの仲間です。私たちは彼ら／彼女たちにシステム運用・管理業務とはなにかを説明できますか?　夢を語れますか?　未来を語れますか?

- **どうせなら優秀な人と仕事したい。**
- **いきいきしたニューカマーと、切磋琢磨したい。**
- **面白い人たちと、面白いチャレンジがしたい。**

もしあなたがそう思っているなら、いまから必死で私たちのプレゼンスを高めましょう。価値を上げていきましょう!

さて、より良い関係構築をするためには、ただ相手を特定して分析していただけではうまくないですね。私たちの価値を認めてもらうため、価値提供の機会を創出するためのアクションが必要です。すなわち、提言が大事です。

提言力

「開発と運用の連携が重要」
「運用観点が大事」
「運用現場は宝の山。ノウハウの宝庫」

最近、いわゆる「失敗プロジェクト」「炎上プロジェクト」がやり玉に上げられるにつれ、あるいはクラウドを代表とするサービス提供型のITの普及が進むにつれ、運用センスやノウハウの重要性が強調されるようになりました。また、DevOpsのような開発部隊と運用部隊が連携して開発する手法も広がりつつあります。

そうはいっても、言うは易し行うは難し。

「連携する機会がない」
「開発チームとの間には、大きな壁がある」

こんなボヤキを現場ではよく耳にします。加えて、

「運用観点っていわれても、なにが運用観点なのかよくわからない」
「私たちにノウハウなんてあるのかしら…」
「気付き、ノウハウ…を伝える場がない」

この状態で日々、オペレーション業務を回しているだけではいつまでたってもレベルアップできません。ずばり、提言力が大事です!

- **日常のオペレーション業務から見えてくる疑問や気付きを言語化する**
- **疑問や気付きを、ITサービスの価値向上につなげる提言に変える**
- **顧客や開発メンバーとの接点を作る**

このようにして提言力を上げていきましょう。

▶現場のボヤキを言語化する

システムを運用していると、私たちは日々さまざまな理不尽さやもどかしさを感じることでしょう。

「開発時の残課題が解決されずに、運用にパス。運用でカバーしている」
「レスポンスが遅くて、使いものにならない……」
「ユーザマニュアルが難解で意味不明」
「業務繁忙期になるとバッチ処理が著しく遅延する」
「夜間バッチが綱渡り。過密スケジュールすぎて、1つでもコケると翌日のオンラインに影響する」
「期変わりや組織変更時の業務パターンが考慮されていない。毎回、運用メンバーが頭を頭を悩ませ、手運用で四苦八苦」

「監視メッセージが大量に飛んでくる。どのメッセージに対して、どう対応したらよいのか判断がつかない」

運用現場だけでカバーできるならまだしも、顧客やエンドユーザに悪影響を及ぼしているとしたら、さすがに問題ですね。二度と、あなたの会社にシステム開発をお願いしないかもしれません。

ところで、これらのボヤキ。現場の運用者がモヤモヤと抱えているだけで日々過ごしてしまっていませんか？　運用者同士のタバコ部屋の愚痴で終わってしまっていませんか？　もったいない!

ITサービスマネージャは、現場の運用メンバーと対話する場を率先して設け、ボヤキを共通言語化しましょう。

- **運用チームの定例会で書き出してみる**
- **付箋に書き出して、ホワイトボードに貼る**
- **Slackでつぶやき合う**

どんな方法でも構いません。あなたが率先して言語化してください。

▶ボヤキを提言に変えられる運用者は一目置かれる

運用現場のボヤキや疑問を言語化したら改善のための提言に変えていきましょう。ポイントは、「顧客やエンドユーザの価値にいかに変換するか?」です。

「人事システムは、毎月30日～翌2日はアクセス集中によるセッションタイムアウトが多発し、ヘルプデスクにエンドユーザからのクレームもこのように多発しています。そこで、各部門に周知していただき利用分散を促していただきたいと考えます」

「エンドユーザに操作方法を説明するキャラバンを、各工場を回って行いたいと思います」

「このままログデータが蓄積され続けると、オンラインのパフォーマンスにも影響が出てユーザクレームにつながりかねません。月1回程度、データガベージをさせてください」

「前月、前々月と比べて、夜間バッチ処理の時間がこの通り延びています。このままでは来年4月の繁忙期にはオンラインに影響が出ると考えられます。よって、次の改修のタイミングでジョブスケジュールの組み換えを提案します」

いかがでしょう。ただ単に「セッションタイムアウトが多発しています」「毎月、夜間バッチ処理の所要時間が延び続けています」と淡々とサービス報告するだけ（あるいは報告すらしない）ITサービスマネージャに比べて雲泥の差があります。

このようなアラートをきちんと上げられる運用担当者、提言できるITサービスマネージャは、顧客や開発メンバーからも一目置かれます。

「次の開発時には、○○さん（あなたの名前）の知見を借りよう」

「上流に参画してもらうようにしよう」

徐々にこんなポジティブな言葉をかけられるようになること間違いなし。あなたの運用部隊のプレゼンスも向上します。

では、顧客やエンドユーザにとって有意義な提言をできるようにするためにはどうしたらよいでしょうか?

手始めに「ユーザ影響あり／なし」を考える習慣を付けることをオススメします。

「そのインシデントはユーザにどう影響するか?」

この思考習慣は、顧客やエンドユーザに価値ある提言ができるようになる最高のトレーニングになります。特にバックエンドのエンジニアほど、ユーザ視点は疎くなりがち。どんなに良い腕や知識を持っていても、顧客から「それ、なんの価値があるの?」と思われしまいにはコスト扱いされてしまいます。これでは、顧客も運用部隊も不幸ですよね。

「それって、どんなユーザ影響があるの?」

ITサービスマネージャは、しつこいくらいに運用メンバーに問いかけ続けましょう。

▶関係者との接点作りも大事

どんなに良い気付きやノウハウがあっても、提言がまとまっていても、相手に伝えられなければ無価値です。ITサービスマネージャは、顧客、開発チーム、あるいは営業などの関係者と会話する接点を積極的に作りましょう。

とは言っても、わざわざ新たな機会を作らなくても大丈夫です。

- 月次の運用報告会
- 社内の勉強会
- 新年度のキックオフミーティング

このような日常の場をとらえて、関係者とまずは立ち話しレベルからでも話をしてみましょう。

システムは作って1年、守って10年といわれます。すなわち、開発部隊よりも運用部隊のほうが顧客やエンドユーザとのつきあいは長く接点も多くなります。しかし、単に与えられたシステムを寡黙に守っているだけでは、私たちの価値は認めてもらえません。

積極的に気付き、言語化し、提言する。それができて、運用部隊の価値もプレゼンスもより一層、高まります。

バッ
全社員への
トラブル状況の周知
よろしく
お願いします！
はいっ！
ありがとう！
ヘルプデスク リーダー
ネットワークに
異常がないか
確認できますか
了解！
サンキュ！
ネットワークエンジニア
そして監視チームの
みんな！
昨夜から今朝にかけて
ジョブに異常がなかったか
ログを洗ってみて
ラジャー！
任せた！
監視チーム

すごい……!!
私も、自分に
できることを
するんだ！
プロセスに
怪しいところがないか
調べるわっ
カタ
カタ

まさか
半年前の機能追加の
リリースミスが
原因だったとは……
すまん
ズーン
開発PL
ふぅ〜
なんとか復旧した
ありがとう！
みんなのおかげで
今回も解決できた！
なんの！
どういたしまして!!
ユーザ
遥子も
ありがとうな！
ぐっ
あ、
それから…

運用の仕事が…
価値が……

やっと分かってもらえた

カッ
スゥゥ……
あっ
そうか……
あたし、もう
役目を終えた
みたい
運用…ちゃん？

でもね。
忘れられちゃうと…
悲しいかも
大丈夫
あたしはもう
皆の心の中に
いるから
あたしたち
運用がいるってこと…
たまには思い出してね
運用ちゃん
ありがとう！
おう
任せとけ！
う、うん！
私頑張る！
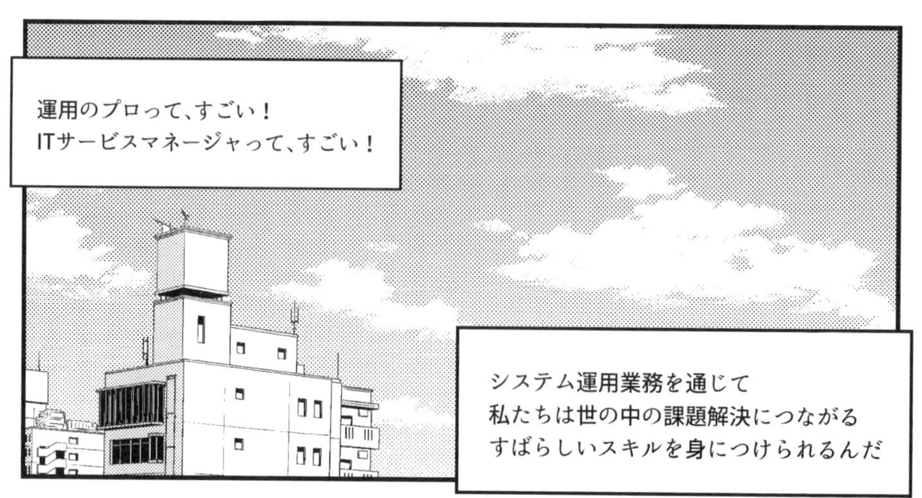
運用のプロって、すごい！
ITサービスマネージャって、すごい！
システム運用業務を通じて
私たちは世の中の課題解決につながる
すばらしいスキルを身につけられるんだ

運用って、すっごく
カッコイイ仕事なんだ

言われたことだけやって
愚痴ってた私はもう終わり

私は……

DevOps

変われる！

CHAPTER 6
運用の醍醐味

現役システム運用・管理者に聞く! 運用のお仕事の醍醐味

大変なことも多いシステム運用業務。その醍醐味とは?　先輩運用者たちは、どんなところにやり甲斐を感じているのでしょうか?　現役のシステム運用者・管理者(ITサービスマネージャ)のリアルな声を紹介します。

ヒアリング対象者は下記の通りです。

- 「第12回 リーダーズミーティング」(2018年1月／主催:システム管理者の会)の参加者(45名)
- 「インフラ勉強会」の参加者

Q1.システム運用業務の「醍醐味」や、「これが身に付いた!」を教えてください。

下記のような回答がありました(一部、筆者のコメントも掲載します)。

- ユーザの負担軽減を実感できたとき。
- トラブル対応に冷静に対処できるようになった。

  筆者自身、日々多くの運用者から聞く声です。多少のトラブルには動じない。事象を冷静に切り分けして対応できる。これはどんな業務においても生かすことのできる、人間力ともいえるでしょう。

- 顧客からほめられる。

  人はほめられるとモチベーションが上がります。この本をお読みなっている、お客さんの立場の方。これを機に、運用メンバーに感謝の言葉をかけてあげてください。

- 新技術・サービスが出ても運用課題は同じ→ITILが使える!
- 運用設計でシステム構想から参画できた。
- なにが問題が理解して、提案に生かせている。
- 構築・コーディングの機会は少ないが、キャパシティ関連のトラブルシュートなど、コアな技術が身に付く。
- NW・サーバ・ストレージ・OS・MWと広範囲に関わることができる。

インフラ勉強会参加者の皆様からは、次のようなコメントをいただきました。

- システムが停止したときのお客さんの態度で、システム屋をどう見てるかわかるところ。理解のある人なら、状況を細かく把握しようとするけど、そうじゃない人は「早く直せ」の一点張り。
- 醍醐味は
  - 事業のピンチを救う使命感。
  - 表のヒーローにはなりにくいけれど、高確率で陰のヒーローになれる。
- 「これ毎日やるの面倒くさいな」「自動化しよう」ってすぐ思えるようになりました。

Q.システム運用業務していてよかったことを教えてください。

下記のような回答がありました(一部、筆者のコメントも掲載します)。

- PC入れ替えやスマホ入れ替えで、便利になったと社長にほめられた。
- お客様の取締役から、直接、評価いただいたこと。
- 会社の業務が把握でき、経営層とディスカッションで役に立つ。
- ロジカル思考、マネジメント力が身に付いた。

  運用はユーザや実業務に近い分、泥臭く大変なことも多いです。一方、システムと業務の全体を俯瞰できる強みを持ちうるのもまた運用です。改善提案につなげ、正しく評価されるようにするためにも、ロジカルシンキング、マネジメント力を鍛えましょう。

- 社内でのスキルアップが難しいため、各種コミュニティに参加したらモチベーションが上がった。プライベートでも意気投合する友人ができた。

  社外のコミュニティや勉強会にも積極的に参加したいですね。それにより、自分(たち)の強み弱みを知ることもできます。ともに悩み、ともに頑張る仲間の存在は励みにもなり、運用の仕事をより面白くします。

- システム全体が見渡せる→ITエンジニアとしてのスキル向上につながる。
- 構築時に埋め込まれやすい「インフラ構築不備あるある」のナレッジが自分の中にたまった。

- 開発でも役に立った。

  運用の知見や観点は開発品質の向上に間違いなく役立ちます。運用チームから開発チームに移動して活躍しているエンジニアも少なくありません。それだけ、幅広い観点とスキルが身に付く職種ととらえることができるでしょう。

インフラ勉強会参加者の皆様からは、次のようなコメントをいただきました。

- 「サービス運用」としてのITILの考え方を開発側や事業側に伝えて巻き込めたこと。関係者全体で目標や方向性が一致したことで、場所は離れていてもチーム感が出てきました。これは運用のロールにしかできないとだと思うので、やっていてよかったです。
- サービスが稼働するのに必要な要素の理解ができた（サーバ・ネットワーク、そしてユーザ・ビジネスなど）
- サービスが信頼されるのに必要な要素の理解ができた（セキュリティ・稼働率の考え方、冗長化の大切さなど）
- 本番稼働後に、アクセス状況などを集計して、想定より使われているとわかったとき。そしてそれをオーナーに持っていって、うれしい反応をもらえたとき。本番リリースがなんの障害もなく終わったとき。

ご回答いただいた皆さん。ありがとうございました。この紙面をお借りしてお礼申し上げます。皆さんの回答結果を見ていて、筆者はとてもうれしい気持ちになりました。

システム運用は、人も組織も成長させることのできる素晴らしい職種である。その確信を得ました。課題はたくさんあるものの、希望を持って前進しようと頑張っている人がたくさんいる。その事実に、この上ない誇りを感じております。

運用現場のメンバー同士、そして時に会社を超え、職種を超えて情報発信し合い、時に議論してより良い職種に育てていきましょう！

システム運用の未来は明るい！

あれから10年後…
ザワ
ザワ

ユーザからの
クレームが
じゃんじゃん
来ています！
デグレード
起こってるんじゃ
ないか？
ヤバい
昨夜のバッチ
完全にコケています

カッ
カッ
カッ
いったい
なにがどうなって
いるんだよ？
あ？

ガチャ
皆さん、落ち着いて

ワアッッ
なんだァ!?

まずは状況を
整理しましょうか
ITサービスマネージャ
うんの ようこ
海野 遥子

★おわりに

★運用の価値に目覚めよう!

この本の中で、特に好きなシーンがあります。『「業務運用」ってなに?』(84ページ)で、遥子が「私が毎日やっている仕事って、業務運用だったんだ!」と気付く瞬間です。ここで遥子は初めて運用ちゃんに褒められます。

前職で某Webサービスの運営をしていた私 湊川あい自身、沢渡あまねさんの原稿をマンガに起こす中で「私がしていたアレって運用だったんだ」と気付くことが多々ありました。そして、運用☆ちゃんが「あるある問題」に堂々と喝を入れるたびに、不思議と癒されていく感覚がありました。

まわりに自分の価値を認めてもらいたい。ならば、まずは自分の価値を知る必要がある。ところがそれって自分自身では案外わからないもの。そんなとき、運用☆ちゃんは私たちの側に降り立ち、時に優しく、時に厳しくその価値を教えてくれます。

★自分の価値を伝えるには?

さて、自分の価値がわかりました。お次は、開発や営業、顧客にそれを伝える必要があります。

「でも、どうやって?」「まさかいきなり、『私には価値がありまーす!』なんてプレゼンできないし……」

そんな声が遥子から聞こえてきそうですね。

そこでこの本が役立ちます。「はじめに」(12ページ)の対象読者をご覧ください。「開発、営業、顧客など運用以外の職種のみなさん」とあるはずです。それもそのはず、この企画は沢渡あまねさんの「世の中の運用の価値を上げたい!」という熱い想いから始まりました。ですから、運用担当者以外にも運用の価値が伝わるエッセンスが目いっぱい散りばめられています。

この世界には意味のない仕事なんてありません。得意分野はそれぞれ違えど、目指す目的地はひとつ。分野の違いでいがみ合うのではなく、違いを掛け算し相乗効果を出せる最強チームを作っていきましょう。

★各地で行われている「運用☆ちゃん 読書会」

先日、Web連載の読者の方からブログ記事が届きました。その内容はなんと「社内で運用☆ちゃんの読書会を開催してみた」というものでした。「今の部署を良くしたい!」そう思い立ち、社内に声をかけてみたところ、10名近くから反応が。運用部署のメンバーだけでなく、開発部署にいたころの先輩が参加を表明してくれたことが特にうれしかったそうです。勉強会の内容は、全員で運用☆ちゃんを読みながら感想を言い合うというもの。運用と開発が同じテーブルで、わいわいとプロダクトの話ができる場になっているのだとか。

運用☆ちゃんと遥子が、日本各地の職場へお邪魔して、メンバーたちと肩を組んで一緒に笑っている……この話を聞いて、そんなイメージが思い浮かびました。本書が皆様の架け橋になれたら、こんなに幸せなことはありません。

この本の出版にあたり、書籍化の企画を通してくださったC&R研究所の池田武人様、編集担当としてご尽力いただきました吉成明久様、CodeIQ MAGAZINE・リクナビNEXTジャーナルでの連載でお世話になりました馬場美由紀様、取材に応じてくださりましたアイレット株式会社 木檜和明様、羽鳥愛美様、エバンジェリズム研究所代表 長沢智治様、インフラ勉強会の皆さま、SNS上で応援してくださった皆さま、本書の制作に関わってくださったすべての皆さまに、この場を借りて心から感謝申しあげます。

2019年3月

湊川あい

索引
INDEX

さ行

た行

な行

は行

ま行

や行

ら行

■著者紹介

沢渡（さわたり） あまね

1975年生まれ。あまねキャリア工房 代表。株式会社なないろのはな取締役。業務改善・オフィスコミュニケーション改善士。IT運用エバンジェリスト。日産自動車、NTTデータなど（情報システム部門、ネットワークソリューション事業部門、広報部門ほか）を経て2014年秋より現業。
ITサービスマネジメントや業務プロセス改善の講演・執筆・業務支援などを行っている。NTTデータでは、ITサービスマネージャとして社内外のサービスデスクやヘルプデスクの立ち上げ・運用・改善やビジネスプロセスアウトソーシングも手がける。ITざっくばらん会in磐田 #ITzakkubaranIWATA 主宰。#インフラ勉強会 で登壇。趣味はダムめぐり。

◆主な著書
『新人ガール　ITIL使って業務プロセス改善します！』（シーアンドアール研究所）
『新入社員と学ぶ オフィスの情報セキュリティ入門』（シーアンドアール研究所）
『ドラクエに学ぶチームマネジメント』（シーアンドアール研究所）
『職場の問題地図』（技術評論社）
『システムの問題地図』（技術評論社）
『職場の問題かるた』（技術評論社）
『チームの生産性をあげる。』（ダイヤモンド社）

◆主な連載
『IT職場あるある』（日経 xTECH）

◆あまねキャリア工房
http://amane-career.com/

◆Twitter
@amane_sawatari

◆E-mail
info@amane-career.com

湊川（みなとがわ） あい

フリーランスのWebデザイナー・漫画家・イラストレーター。マンガと図解で、技術をわかりやすく伝えることが好き。
著書『わかばちゃんと学ぶ』シリーズが全国の書店にて発売中のほか、動画学習サービスSchooにてGit入門授業の講師も担当。
マンガでわかるGit・マンガでわかるDocker・マンガでわかるRubyといった分野横断的なコンテンツを展開している。

◆著書
『わかばちゃんと学ぶ Webサイト制作の基本』（シーアンドアール研究所）
『わかばちゃんと学ぶ Git使い方入門』（シーアンドアール研究所）
『わかばちゃんと学ぶ Googleアナリティクス』（シーアンドアール研究所）

◆Web連載
『マンガでわかるGit』（リクナビNEXTジャーナル）
『マンガでわかるGoogleアナリティクス』（KOBITブログ）
『マンガでわかるScrapbox』（Scrapbox）
『マンガでわかるLINE Clova開発』（TECH PLAY Magazine）　など

◆Twitter ID
@llminatoll

◆Webサイト
http://webdesign-manga.com/

■本書について
●本書は著者・編集者が実際に操作した結果を慎重に検討し、著述・編集しています。ただし、本書の記述内容に関わる運用結果にまつわるあらゆる損害・障害につきましては、責任を負いませんので、あらかじめご了承ください。
●本書に掲載している漫画はフィクションです。実在の人物や団体などとは関係ありません。
●本書はCodeIQ MAGAZINEおよびリクナビNEXTジャーナルにて連載していた記事を加筆・修正したものです。

編集担当 ： 吉成明久　カバーデザイン：秋田勘助（オフィス・エドモント）

運用☆ちゃんと学ぶ　システム運用の基本

2019年4月20日　初版発行

著　者　沢渡あまね、湊川あい
発行者　池田武人
発行所　株式会社　シーアンドアール研究所
新潟県新潟市北区西名目所 4083-6（〒950-3122）
電話　025-259-4293　FAX　025-258-2801
印刷所　株式会社　ルナテック

ISBN978-4-86354-277-8 C3055